Apache ShardingSphere 实战

郑天民 著

電子工業出版社
Publishing House of Electronics Industry
北京•BEIJING

内 容 简 介

本书分为 9 章，主要介绍应用 ShardingSphere 实现分库分表的一些方法论和工程实践。通过对 ShardingSphere 的基本概念、应用方式和整体架构的介绍，帮助读者掌握 ShardingSphere 的设计思想和解决方案；然后从 Sharding-JDBC 和 Sharding-Proxy 两款核心组件出发，对分库分表、读写分离、分布式事务、数据脱敏、编排治理及代理服务器等核心功能进行详细阐述，并结合具体场景给出实例分析和实现过程。

本书面向 Java 服务器端开发人员，读者不需要有很深的技术水平，也不需要详细了解分库分表相关工具，但如果读者熟悉 Java EE 常见技术并掌握一定数据访问基本概念，则有助于读者更好地理解书中的内容。通过学习本书内容，读者将对 ShardingSphere 的基本架构、设计思想和应用方式有更加深入的了解，为后续的工作和学习奠定基础。同时，本书可以作为具备不同技术体系的开发人员的参考用书。希望本书能给读者的日常研发和管理工作带来启发和帮助。

图书在版编目（CIP）数据

Apache ShardingSphere 实战 / 郑天民著. —北京：电子工业出版社，2021.9

ISBN 978-7-121-35654-4

Ⅰ. ①A… Ⅱ. ①郑… Ⅲ. ①分布式操作系统 Ⅳ. ①TP316.4

中国版本图书馆 CIP 数据核字（2021）第 147418 号

责任编辑：张春雨　　　特约编辑：田学清
印　　刷：三河市华成印务有限公司
装　　订：三河市华成印务有限公司
出版发行：电子工业出版社
　　　　　北京市海淀区万寿路 173 信箱　　　邮编：100036
开　　本：787×980　1/16　印张：16.75　字数：300 千字
版　　次：2021 年 9 月第 1 版
印　　次：2021 年 9 月第 1 次印刷
定　　价：89.00 元

凡所购买电子工业出版社图书有缺损问题，请向购买书店调换。若书店售缺，请与本社发行部联系，联系及邮购电话：（010）88254888，88258888。

质量投诉请发邮件至 zlts@phei.com.cn，盗版侵权举报请发邮件至 dbqq@phei.com.cn。

本书咨询联系方式：010-51260888-819，faq@phei.com.cn。

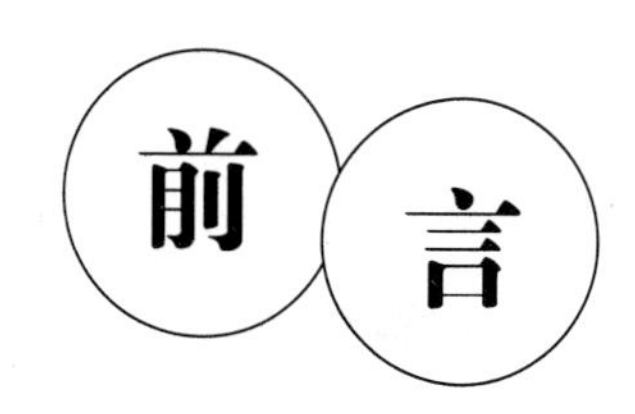

Preface

随着互联网行业的飞速发展，我们需要进行快速的业务更新和产品迭代，同时也不得不面对快速增长的业务数据。在软件系统中，关系型数据库仍然是数据平台核心业务的基石。但传统的单库单表的容量是有限的，当面对海量数据时，就需要引入分库分表架构。我们可以结合纵向分库和横向分表的设计方法来应对海量数据的存储和访问。然而，在系统中引入分库分表架构远远没有想象中的那么简单，我们在设计和实现分库分表架构的过程中会遇到一系列的问题。如何让分库分表能够真正落地，将是摆在我们面前的一大挑战。

在这样的背景下，诞生了一些分库分表解决方案和开源工具，而 ShardingSphere 就是其中的代表性框架。作为 Apache 的顶级项目，ShardingSphere 为我们提供了一系列强大的功能。本书主要介绍基于 ShardingSphere 实现分库分表所应具备的技术体系，并针对该框架提供的 Sharding-JDBC 和 Sharding-Proxy 核心组件进行全面的讨论，以及提供相应的工程实践。

本书分为 9 章，分别从不同的领域对 ShardingSphere 的各个方面展开讨论。

第 1 章直面数据分库分表架构。主要从分库分表的基本的概念出发，给出分库分表解决方案和代表性框架，以及实现分库分表架构所需要考虑的技术体系，然后，针对 ShardingSphere 给出了该框架所提供的具体解决方案。

第 2 章引入 ShardingSphere。主要介绍如何使用 ShardingSphere，在应用程序中集成 ShardingSphere 的各种方式，以及如何使用 ShardingSphere 配置体系完成开发工作。

第 3 章 ShardingSphere 整体架构。主要从架构体系上对 ShardingSphere 进行剖析。作为基于 JDBC 规范的一款开源框架，ShardingSphere 完全兼容 JDBC 并基于微内核架构提供了插件化的运行机制，而开发人员也可以基于 Spring 框架完成与 ShardingSphere 的无缝集成。

第 4 章～第 8 章 Sharding-JDBC 核心功能。这部分是本书的重点内容，主要介绍 ShardingSphere 中 Sharding-JDBC 组件的各项核心功能，包括数据分片、读写分离、分布式事务、数据脱敏和编排治理等。

第 9 章 ShardingSphere 代理服务。主要介绍 ShardingSphere 中的另一个核心组件 Sharding-Proxy。作为代理服务器的典型实现方案，Sharding-Proxy 为异构语言和异构系统之间的集成提供了良好的支持。

在撰写本书的过程中，感谢我的家人，特别是我的妻子章兰婷女士，在我占用大量晚上和周末时间的情况下，能够给予极大的支持和理解。感谢过去及现在的同事们，业界领先的公司和团队让我得到很多学习和成长的机会，如果没有大家的帮助，就不会有这本书的诞生。特别感谢电子工业出版社的张春雨编辑，这本书能够顺利出版，离不开他的敬业精神和工作态度。

由于作者水平有限，书中难免存在一些疏漏和不足，希望同行专家和广大读者给予批评与指正。

郑天民

2021 年 2 月于杭州钱江世纪城

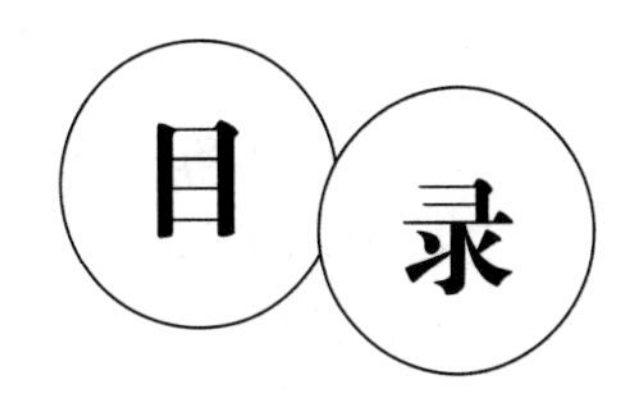

Contents

第 1 章　直面数据分库分表架构 1

1.1　分库分表简介 1

1.1.1　分库分表的基本概念 2

1.1.2　分库分表解决方案和代表性框架 7

1.2　实现分库分表 10

1.2.1　数据分片 10

1.2.2　读写分离 11

1.2.3　分布式事务 12

1.3　初识 ShardingSphere 12

1.3.1　ShardingSphere 设计理念和核心组件 14

1.3.2　ShardingSphere 解决方案 18

1.4　本书架构 21

1.5　本章小结 22

第 2 章　引入 ShardingSphere 23

2.1　ShardingSphere 的使用方式 23

2.1.1　数据库和 JDBC 驱动集成 24

2.1.2　开发框架集成 25

2.1.3　ORM 框架集成 32

2.2　ShardingSphere 的配置机制 34

2.2.1　行表达式 34

2.2.2　ShardingSphere 的核心配置 35

2.2.3　ShardingSphere 的配置方式 38

2.2.4 ShardingSphere 的配置体系 43
2.3 本章小结 51
第 3 章 ShardingSphere 整体架构 53
3.1 ShardingSphere 与 JDBC 规范 53
3.1.1 JDBC 规范的核心组件 54
3.1.2 ShardingSphere 与 JDBC 规范的兼容性 59
3.2 ShardingSphere 与微内核架构模式 66
3.2.1 微内核架构模式设计原理与实现 66
3.2.2 ShardingSphere 基于微内核架构模式实现扩展性 71
3.3 ShardingSphere 与 Spring 框架 78
3.3.1 基于命名空间集成 Spring 框架 78
3.3.2 基于自定义 starter 集成 Spring Boot 的实现过程 84
3.4 本章小结 89
第 4 章 ShardingSphere 数据分片 90
4.1 数据分片的核心概念 90
4.1.1 绑定表与广播表 91
4.1.2 分片策略与分片算法 92
4.1.3 强制路由与 Hint 机制 97
4.1.4 分布式主键 99
4.1.5 连接模式 109
4.1.6 分片引擎 110
4.2 数据分片实例分析 117
4.3 分片改造之实现分库 122
4.3.1 初始化数据源 122
4.3.2 设置分库策略 123
4.3.3 设置绑定表与广播表 123
4.3.4 设置表分片规则 124
4.4 分片改造之实现分表 126
4.5 分片改造之实现分库+分表 129
4.6 分片改造之实现强制路由 133
4.6.1 HintManager 133
4.6.2 实现并配置强制路由分片算法 136
4.6.3 基于强制路由访问目标库表 137

4.7 本章小结 140
第 5 章 ShardingSphere 读写分离......141
5.1 读写分离与 ShardingSphere......141
5.1.1 读写分离方案......142
5.1.2 配置读写分离......142
5.2 读写分离的基础用法......143
5.2.1 读写分离的使用方法......143
5.2.2 MasterSlaveRouter 实现原理......145
5.3 读写分离集成数据分片......152
5.3.1 读写分离集成数据分片的实现方法......153
5.3.2 ShardingMasterSlaveRouter 实现原理......154
5.4 读写分离集成强制路由......156
5.5 本章小结......157
第 6 章 ShardingSphere 分布式事务......159
6.1 分布式事务的核心概念......159
6.1.1 ShardingSphere 中的分布式事务......160
6.1.2 XA 强一致性事务实现方案......162
6.1.3 BASE 柔性事务实现方案......166
6.2 使用 XA 实现两阶段提交事务......167
6.2.1 开发环境准备......167
6.2.2 实现 XA 事务......169
6.2.3 XA 事务实现原理......176
6.3 使用 Seata 实现最终一致性事务......180
6.3.1 开发环境准备......181
6.3.2 实现 BASE 事务......182
6.3.3 BASE 事务实现原理......182
6.4 本章小结......188
第 7 章 ShardingSphere 数据脱敏......189
7.1 数据脱敏的核心概念......189
7.1.1 敏感数据存储方式......190
7.1.2 敏感数据加解密过程......191
7.1.3 业务代码集成数据脱敏......191
7.2 数据脱敏的使用方法......193

7.2.1 准备数据脱敏......193
7.2.2 配置数据脱敏......195
7.2.3 执行数据脱敏......203
7.3 本章小结......204
第 8 章 ShardingSphere 编排治理......205
8.1 编排治理解决方案......205
8.1.1 配置中心......206
8.1.2 注册中心......207
8.1.3 链路跟踪......208
8.2 配置中心的使用方法......210
8.2.1 准备开发环境......210
8.2.2 掌握配置项......211
8.2.3 实现配置中心......213
8.3 注册中心的使用方法......217
8.3.1 通过注册中心构建编排治理服务......217
8.3.2 使用注册中心实现数据访问熔断......226
8.4 链路跟踪的使用方法......230
8.4.1 初始化第三方 Tracer 类......230
8.4.2 通过 ShardingTracer 获取 Tracer 类......231
8.4.3 基于 Hook 机制填充 Span......233
8.5 本章小结......236
第 9 章 ShardingSphere 代理服务......237
9.1 Sharding-Proxy 的使用方法......237
9.1.1 安装和配置......238
9.1.2 SQL 语句......242
9.1.3 SCTL 语句......245
9.1.4 代码集成......246
9.2 Sharding-Proxy 架构解析......246
9.2.1 Sharding-Proxy 整体架构......247
9.2.2 Sharding-Proxy 整合 Sharding-JDBC......256
9.3 本章小结......259

第 1 章

直面数据分库分表架构

现如今在软件开发中，随着微服务架构的日益流行，以及中台思想的强势兴起，很多互联网公司都在构建属于自己的业务中台和数据中台。另外，随着新型互联网产业的不断涌现，以及物联网产业的高速发展，信息化社会所产生的数据量已不是传统关系型数据库的单库单表架构所能支持的。因此，我们需要引入分库分表的数据存储和访问架构来应对海量数据的挑战。

在这样的背景下，针对海量数据的分库分表中间件及分布式数据库应运而生。在这些工具和框架中，ShardingSphere 提供了一套开源的分布式数据库中间件解决方案，并组成了一个生态圈，得到越来越多开发人员的认同和支持。本章将从分库分表的基本概念进行介绍，分析分库分表的实现方案，并引出 ShardingSphere 设计理念和核心组件，以及 ShardingSphere 解决方案。

1.1 分库分表简介

关于分库分表，先从一个典型的实例介绍。试想在一个电商系统中，势必存在订单表。电商系统在初始运行期间，一般使用单库和单表的方式来存储、访问数据。因为数据量不大，所以数据库访问的瓶颈并不明显。随着业务的演进，当需要支撑大规模电商业务时，电商系统每天可能会生成数十万条甚至数百万条的订单数据。随着数据量越来越大，订单表的访问就会出现瓶颈。

以互联网系统中常用的 MySQL 数据库为例，虽然单表存储的数据原则上能够达到上亿条级别，但这时访问性能就会变得很差。即使采用各种调优策略，通常效果也微乎其微。业界普遍认为，MySQL 数据库的单表容量在 1000 万条以下是一种最佳状态，一旦超过这个量级，就需要考虑采用其他方案。

针对关系型数据库，我们可以考虑采用分库分表的方案来解决单表瓶颈问题，这是目前互联网行业处理海量数据的通用方法。分库分表方案更多的是对关系型数据库数据存储和访问机制的一种补充，而不是颠覆。

在互联网系统开发过程中，所谓的分库分表并不是一个新概念。一般来说，很多开发人员对分库分表或多或少有所了解，也知道数据量大了就需要进行分库分表，但是对于如何实现分库分表并不是很了解。分库分表的实现远比字面意思要复杂得多，在介绍分库分表相关的解决方案和实现技术之前，本节先介绍分库分表的基本概念。

1.1.1 分库分表的基本概念

分库和分表是两个概念，通常我们会把它们合并在一起简称为分库分表。所谓分库分表，业界并没有一个统一的定义，我们可以简单理解为：为了解决数据量过大而导致数据库性能降低的问题，将原来独立的数据库拆分成若干个数据库，将原来数据量大的表拆分成若干个数据表，使得单一数据库、单一数据表的数据量变得足够小，从而达到提升数据库性能的作用。

1. 分库分表的表现形式

分库分表包括分库和分表两个维度，在开发过程中，对于每个维度都可以采用两种拆分思路，即垂直拆分和水平拆分，如图 1-1 所示。

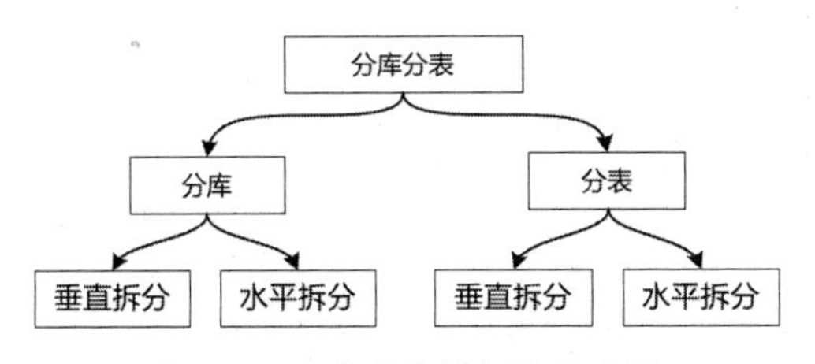

图 1-1　分库分表的拆分思路图

我们先介绍垂直拆分的应用方式。相比水平拆分，垂直拆分相对比较容易理解和实现。在电商系统中，当用户打开首页时，往往会加载一些用户的性别、地理位置等基础数据。对用户表而言，这些位于首页的基础数据的访问频率显然要比那些用户头像等数据更高。基于这两种数据的不同访问特性，我们可以把用户单表进行拆分，将访问频率低的用户头像等信息单独存储在一张表中，将访问频率高的用户信息单独存储在另一张表中，如图 1-2 所示。

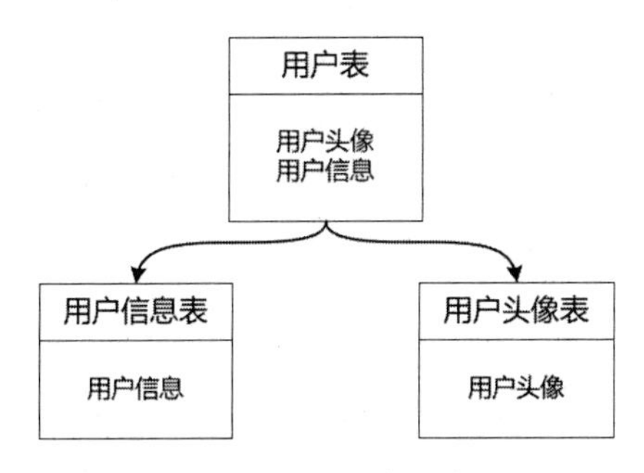

图 1-2　垂直分表示意图

由此可以看出，垂直分表的处理方式就是将一个表按照字段分成多个表，每个表存储其中一部分字段。在实现上，我们通常会把头像等 blob 类型的大字段数据或访问热度较低的数据存储在一张独立的表中。将经常需要组合查询的列放在一张表中也可以被认为是分表操作的一种表现形式。

通过垂直分表能使数据访问性能得到一定程度的提升，但毕竟数据仍然位于同一个数据库中，这也就将操作范围限制在一台服务器中，每个表还是会竞争同一台服务器中的 CPU、内存、网络 I/O 等资源。基于这方面的考虑，在有了垂直分表之后，我们就可以进一步引入垂直分库的概念。

分表之后的用户信息同样还是与其他的商品、订单信息被存储在同一台服务器中。基于垂直分库思想，这时就可以把与用户相关的数据表单独拆分出来，存储在一个独立的数据库中，如图 1-3 所示。

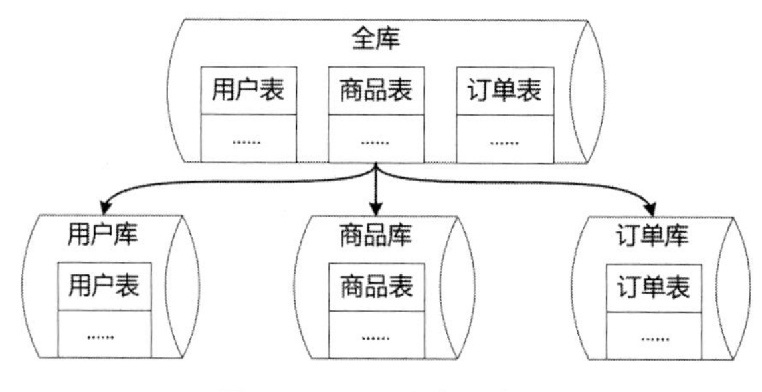

图 1-3 垂直分库示意图

从定义上讲，垂直分库是指按照业务将表进行分类，然后分布到不同的数据库上。每个库可以位于不同的服务器上，其核心理念是专库专用。而从实现上讲，垂直分库的实现在很大程度上取决于业务的规划和系统边界的划分。例如，用户数据的独立拆分就需要考虑到系统用户体系与其他业务模块之间的关联关系，而不是说简单地创建一个用户库即可。在高并发场景下，垂直分库能够在一定程度上提高 I/O 访问效率和数据库连接次数，并解决单机硬件资源的瓶颈问题。

从前文的分析中我们可以知道，尽管垂直拆分实现起来比较简单，但并不能解决单表数据量过大这一核心问题。所以在实际应用中，我们往往需要在垂直拆分的基础上添加水平拆分。例如，我们可以对用户库中的用户信息按照用户 ID 进行取模，然后分别存储在不同的数据库中，这就是水平分库的常见做法，如图 1-4 所示。

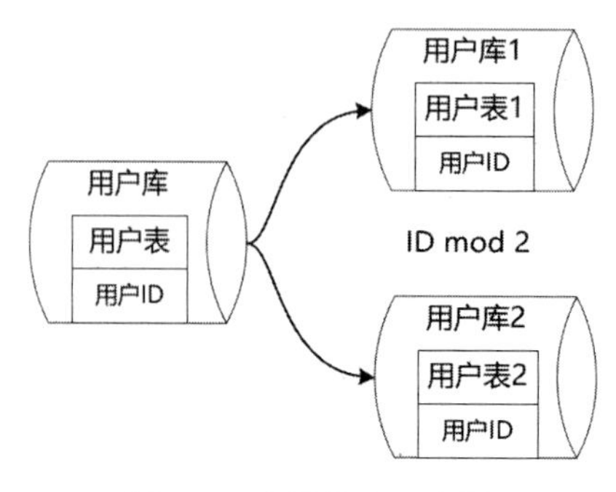

图 1-4 水平分库示意图

可以看到，水平分库是把同一个表中的数据按照一定规则拆分到不同的数据库中，每个数据库同样可以位于不同的服务器上。这种方案往往能解决单库存储量及性能瓶颈问题，但由于同一个表被分配在不同的数据库中，访问数据需要额外的路由工作，大大提高了系统复杂度。这里所谓的“规则”实际上就是一系列的算法，常见的算法如下。

（1）取模算法

取模的方式有很多，如前文介绍的按照用户 ID 进行取模，也可以通过表的一列字段进行 hash 求值来取模。

（2）范围限定算法

范围限定算法也很常见，如可以按照年份、时间等策略路由到目标数据库或表。

（3）预定义算法

预定义算法是指事先规划好具体数据库或表的数量，然后直接路由到指定数据库或表中。

按照水平分库的思路，我们也可以对用户库中的用户表进行水平拆分，其示意图如图 1-5 所示。也就是说，水平分表是在同一个数据库内，把同一个表的数据按照一定规则拆分到多个表中。

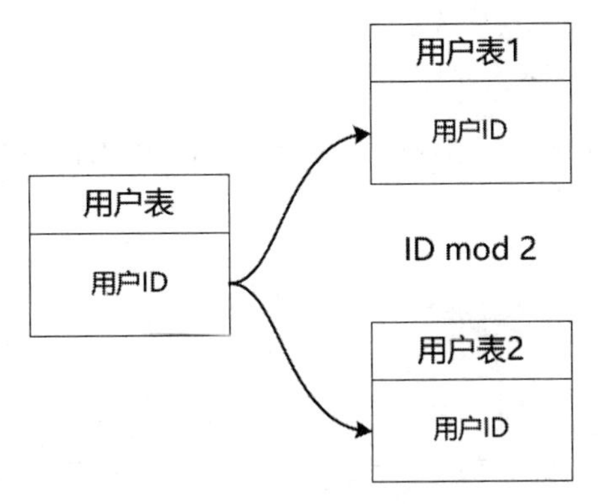

图 1-5　根据用户 ID 水平拆分用户表示意图

2．分库分表与读写分离

说到分库分表，我们不得不介绍另一个解决数据访问瓶颈的技术体系，即读写分离。读写分离与数据库主从架构有关。MySQL 数据库提供了完善的主从架构，能够确保主数据库（主库）与从数据库（从库）之间的数据同步。基于主从架构，我们就可以按照操作要求对读操作和写操作进行分离，从而提高数据库的访问效率。读写分离的基本原理图如图 1-6 所示。

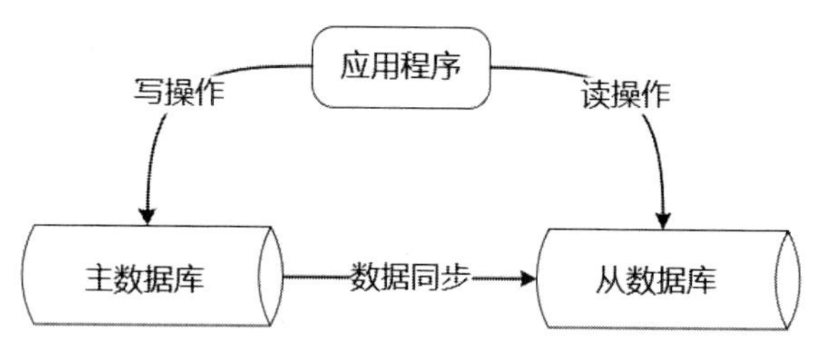

图 1-6　读写分离的基本原理图

通过图 1-6 可以看到，数据库集群有一个主库和一个从库，主库和从库之间通过同步机制实现两者数据的一致性。在互联网系统中，普遍认为对数据库的读操作的频率要远远高于写操作，所以瓶颈往往出现在读操作上。通过读写分离，我们就可以把读操作分离出来并在独立的从库上进行。在现实中的主从架构中，主库和从库的数量，尤其是从库的数量，都可以根据数据量的大小进行扩充。

读写分离主要解决的是高并发下的数据库访问其也是一种常用的解决方案，但并不是终极解决方案。终极解决方案还是前文介绍的分库分表，我们按照用户 ID 等规则进行分库或分表。需要注意的是，分库分表与读写分离之间的关系并不是互斥的，而是相辅相成的，我们完全可以在分库分表的基础上引入读写分离机制。分库分表整合读写分离结构图如图 1-7 所示。

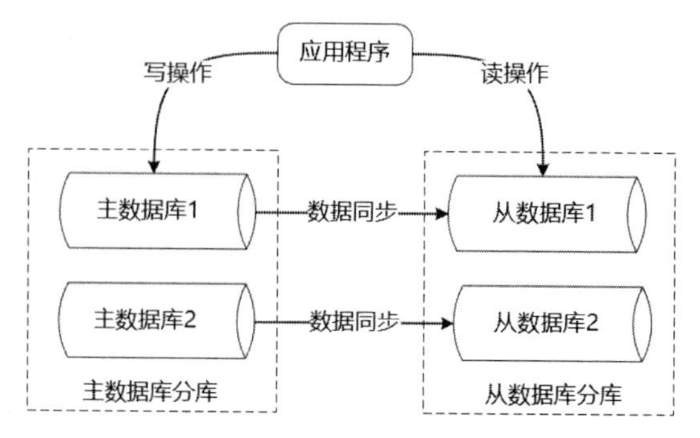

图 1-7　分库分表整合读写分离结构图

事实上，本书所要介绍的 ShardingSphere 就实现了图 1-7 中的架构方案，在分库分表的同时支持读写分离。

1.1.2　分库分表解决方案和代表性框架

通过前文的介绍，我们知道一旦引入分库分表和读写分离，系统的数据存储架构就变得非常复杂了。与拆分前的单库单表相比，我们面临着以下诸多问题。

- 如何对多数据库进行高效治理？
- 如何进行跨节点关联查询？
- 如何实现跨节点的分页和排序操作？
- 如何生成全局唯一的主键？
- 如何确保事务一致性？
- 如何对数据进行迁移等？

如果没有很好的工具来支持数据存储和访问，那么数据一致性将很难得到保障，这就需要引出实现分库分表的主流解决方案和代表性框架。

基于前面关于分库分表的讨论，我们可以将其抽象为一个核心概念，这个概念就是分片（Sharding），即无论是分库还是分表，都是把数据划分成不同的数据片，并存储在不同的目标对象中。而具体的分片方式就会涉及实现分库分表的不同解决方案。

如果要列举业界关于分库分表的框架，就会发现实际上也有不少。这些框架显然并不是采用同一种解决方案，通过分析这些框架在实现数据分片方案上的区别，我们也可以把它们分成三大类型，即客户端分片、代理服务器分片及分布式数据库。

1．客户端分片

所谓客户端分片，相当于在数据库的客户端就完成了分片规则的实现。显然，这种方式将分片管理的工作进行了前置，客户端管理维护所有的分片逻辑，并决定每次执行 SQL 语句所对应的目标数据库和数据表。

客户端分片这一解决方案也有不同的表现形式，其中最为简单的方式就是应用层分片，也就是说在应用程序中直接维护分片信息。客户端分片结构图如图 1-8 所示。

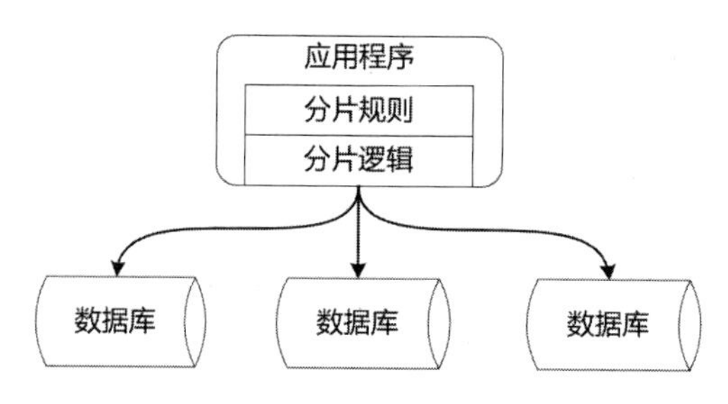

图 1-8　客户端分片结构图

在具体实现上，我们通常会将分片规则的处理逻辑打包成一个公共 JAR 包，其他业务开发人员只需要在代码工程中引入 JAR 包即可。针对这种方案，因为没有独立的服务器组件，所以也不需要专门维护某一个具体的中间件。然而，这种直接在业务代码中嵌入分片组件的方法也有明显的缺点。因为分片逻辑侵入业务代码中，业务开发人员在理解业务的基础上还需要掌握分片规则的处理方式，增加了开发和维护成本。所以，一旦出现问题，就只能依赖业务开发人员通过分析代码找到原因，而无法把这部分工作抽离出来让专门的中间件团队完成。

基于以上分析，客户端分片在实现上通常会进行进一步的抽象，把分片规则的管理工作从业务代码中剥离出来，形成单独演进的一套体系。其方法是重写 JDBC 协议，也就是说在 JDBC 协议层面嵌入分片规则。这样，业务开发人员还是使用与 JDBC 规范完全兼容的一套 API 来操作数据库，但这套 API 自动完成了分片操作，从而实现对业务代码的零侵入。基于 JDBC 规范重写机制的客户端分片结构图如图 1-9 所示。

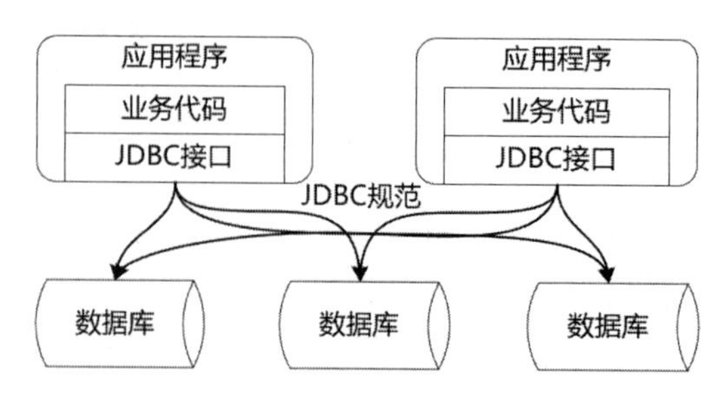

图 1-9　基于 JDBC 规范重写机制的客户端分片结构图

这种解决方案的优势在于分片操作对业务开发人员而言是完全透明的，从一定程度上实现业务开发人员与数据库中间件团队在职责上的分离。这样，业务开发人员只需要理解 JDBC 规范就可以完成分库分表，降低了开发难度及代码维护成本。

对于客户端分片，典型的中间件包括阿里巴巴的 TDDL 及本书所要介绍的 ShardingSphere。因为 TDDL 并没有开源，所以我们无法判断其使用了哪种客户端分片方案。而对 ShardingSphere 来说，它是重写 JDBC 规范以实现客户端分片的典型实现框架。

2．代理服务器分片

代理服务器分片的解决方案也比较明确，就是采用了代理机制，也就是说在应用层和数据库层之间添加一个代理层。有了代理层之后，我们就可以把分片规则集中维护在代理层中，对外提供与 JDBC 兼容的 API 并给到应用层。这样，应用层的业务开发人员就不用关心具体的分片规则，而只需要完成业务逻辑的实现。代理服务器分片结构图如图 1-10 所示。

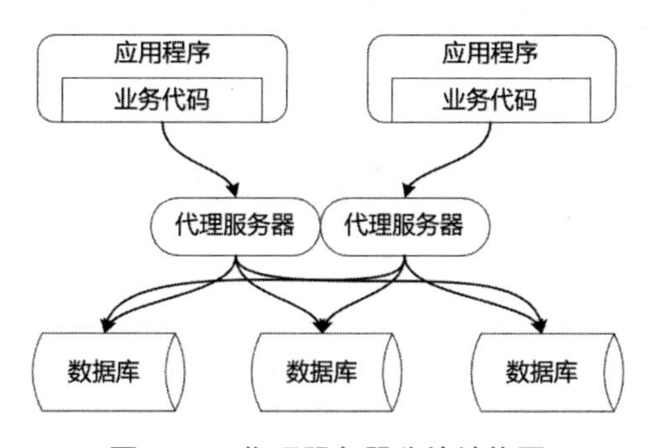

图 1-10　代理服务器分片结构图

代理服务器分片的优点是解决了业务开发人员对分片规则的管理工作，缺点是添加了一层代理层，所以带来了一些问题，比如，因为新增了一层网络传输对性能所产生的影响。

对于代理服务器分片，常见的开源框架有 Cobar 及 Mycat。而在 ShardingSphere 3.X 版本中，也添加了 Sharding-Proxy 模块来实现代理服务器分片。

3. 分布式数据库

在技术发展过程中，关系型数据库的主要问题在于缺乏分布式特性，也就说，缺乏在分布式环境下对大数量、高并发访问的有效数据处理机制。例如，我们知道事务是关系型数据库的本质特征之一，但在分布式环境下，如果想要基于 MySQL 等传统关系型数据库来实现事务，则会面临巨大的挑战。

幸好，以 TiDB 为代表的分布式数据库的兴起赋予了关系型数据库一定程度的分布式特性。在这些分布式数据库中，数据分片及分布式事务将是其内置的基础功能，对业务开发人员而言是完全透明的。业务开发人员只需要使用 TiDB 对外提供的 JDBC 接口，就像使用 MySQL 等传统关系型数据库一样。

从这个角度讲，我们也可以认为 ShardingSphere 是一种分布式数据库中间件。它除了提供标准化的数据分片解决方案，也实现了分布式事务和数据库治理功能。

1.2 实现分库分表

为了提供分库分表功能，在数据库技术体系上需要实现三大类内容，即数据分片、读写分离和分布式事务。

1.2.1 数据分片

数据分片是实现分库分表的最根本需求。前文已经提到过数据分片的概念，即无论是分库还是分表，都是把数据划分成不同的数据片，并存储在不同的目标对象中。

那么，如何实现数据分片呢？不同的框架也有不同的技术手段，但一般都会设计并实现一个分片引擎（Sharding Engine）。以本书所要介绍的 ShardingSphere 来说，分片引擎由解析引擎（ParseEngine）、路由引擎（RoutingEngine）、改写引擎（RewriteEngine）、执行引擎（ExecuteEngine）和归并引擎（MergeEngine）共五大部分组成，如图 1-11 所示。

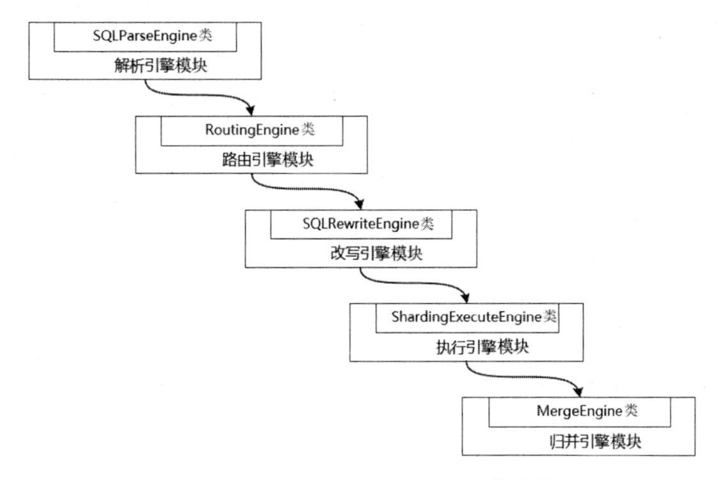

图 1-11　ShardingSphere 分片引擎结构图

纵观 Mycat 等其他分库分表中间件，也构建了类似如图 1-11 所示的 ShardingSphere 分片引擎结构图，内部也实现了解析引擎、路由引擎、归并引擎等组件。关于分片引擎的介绍将是分库分表中间件的重点内容。

1.2.2　读写分离

目前，大部分的主流关系型数据库都提供了主从架构实现方案，通过配置两台或多台数据库的主从关系，可以自动更新一台数据库服务器的数据并同步到另一台服务器上。而应用程序可以利用数据库的这一功能，实现数据的读写分离，从而改善数据库的负载压力。数据库主从架构示意图如图 1-12 所示。

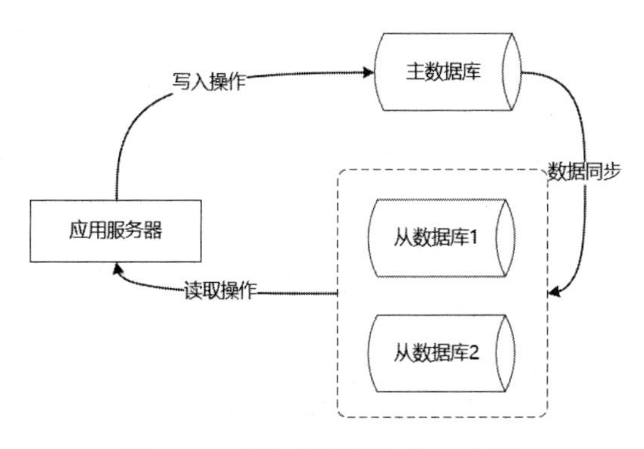

图 1-12　数据库主从架构示意图

通过图 1-12 可以看到，读写分离就是将写入操作路由到主数据库，而将读取操作路由到从数据库。对于互联网应用，读取数据的需求远远大于写入数据的需求，所以一般有多台从数据库。当然，对于复杂度较高的系统架构，同样也可以有多台主数据库。

1.2.3 分布式事务

在传统关系型数据库中，事务是一个标准组件，几乎所有成熟的关系型数据库都提供了对本地事务的原生支持。本地事务提供了 ACID 事务特性。基于本地事务，为了保证数据的一致性，我们只需要开启一个事务，再执行各种数据更新操作，然后提交或回滚事务即可。借助 Spring 等数据访问技术和框架，开发人员只需要关注引起数据改变的业务本身即可。

但在分布式环境下，事情就会变得比较复杂。假设，系统中存在多个独立的数据库，为了确保数据在这些独立的数据库中保持一致，我们需要把这些数据库纳入同一个事务中。这时，本地事务就无能为力了，我们就需要使用分布式事务。

在业界中关于如何实现分布式事务也有一些通用的实现机制。例如，支持两阶段提交的 XA 协议及以 Saga 为代表的柔性事务。针对不同的实现机制，也有不同的供应商和开发工具。因为这些开发工具在使用方式和实现原理上都有较大的差异性，所以开发人员的诉求在于，希望有一套统一的解决方案能够屏蔽这些差异。同时，开发人员也希望这种解决方案能够提供友好的系统集成性。

1.3 初识 ShardingSphere

说到 ShardingSphere 的起源，就不得不提 Sharding-JDBC 框架。该框架是一款起源于当当网内部的应用框架，于 2017 年年初正式开源。自 2018 年 11 月 10 日，ShardingSphere 正式加入 Apache 孵化器项目。在 2020 年 4 月 16 日，ShardingSphere

也成功从 Apache 孵化器项目“毕业”，成为 Apache 孵化器的顶级项目。从 Sharding-JDBC 到 Apache 孵化器的顶级项目，ShardingSphere 的发展经历了不同的演进阶段。纵观整个 ShardingSphere 的发展历史，我们可以得到 ShardingSphere 的演进过程，如图 1-13 所示。

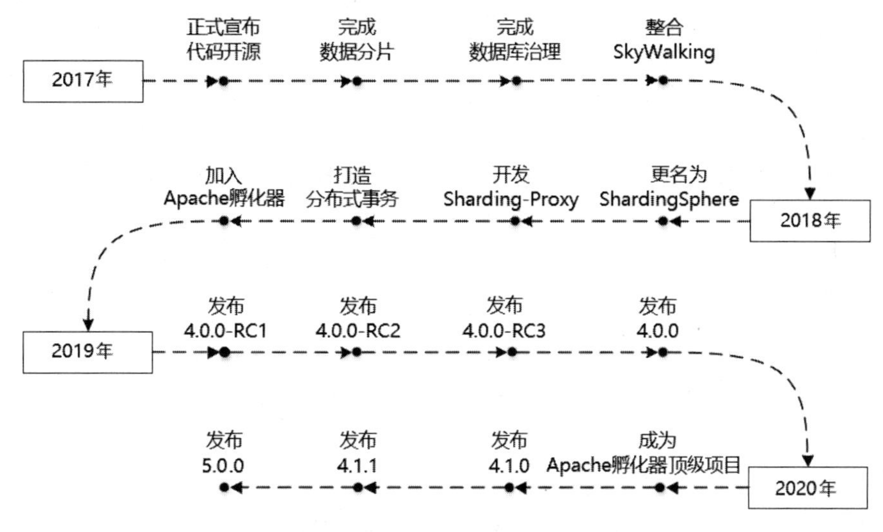

图 1-13　ShardingSphere 的演进过程

从图 1-13 中，我们也可以进一步梳理 ShardingSphere 发展历程中主线版本与核心功能之间的演进关系。在 Sharding-JDBC 的发展时期，Sharding-JDBC 1.X 版本实现了数据分片，而 Sharding-JDBC 2.X 版本则提供了数据库治理功能。在更名为 ShardingSphere 之后，Sharding-JDBC 3.X 版本推出了代理服务器 Sharding-Proxy 及分布式事务，Sharding-JDBC 4.X 版本成为 Apache 孵化器的顶级项目，并推出了弹性伸缩功能。

图 1-14 展示了 ShardingSphere 的 GitHub 打星数增长轨迹，基于该图也可以从另一个维度很好地呈现出 ShardingSphere 的发展历程。

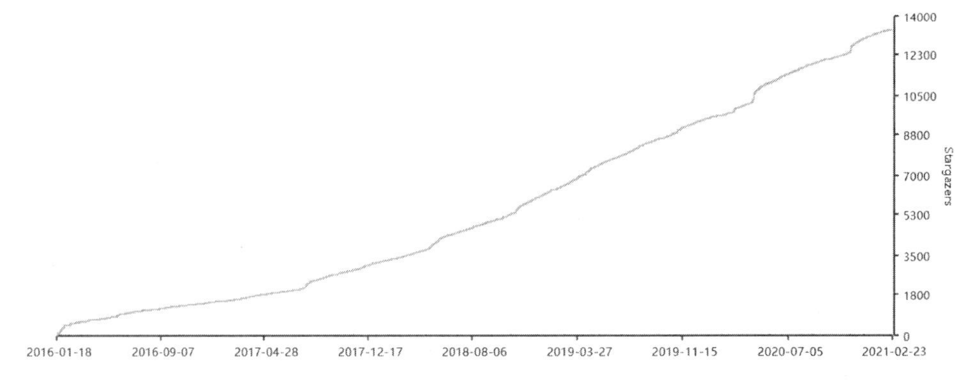

图 1-14 ShardingSphere 的 GitHub 打星数增长轨迹（截至 2021 年 2 月）

对于一款开源中间件，能够得到如此长足的发展，一方面依赖于社区的贡献，另一方面也在很大程度上取决于其自身的设计和发展理念。

1.3.1 ShardingSphere 设计理念和核心组件

ShardingSphere 的定位非常明确，就是一种关系型数据库中间件，而并非实现一个全新的关系型数据库。目前关系型数据库依然在市场中占有重要地位，但凡涉及数据的持久化，关系型数据库仍然是系统的标准配置，也是各个公司核心业务的基石。所以，在目前阶段我们应该更加关注 ShardingSphere 在原有基础上进行兼容和扩展，而非颠覆。本节将基于 ShardingSphere 的核心组件详细介绍 ShardingSphere 的设计理念。

ShardingSphere 构建了一个生态圈，这个生态圈由一套开源的分布式数据库中间件解决方案所构成。按照目前的规划，ShardingSphere 由 Sharding-JDBC、Sharding-Proxy 和 Sharding-Sidecar 三款相互独立的产品组成，其中前两款已经正式发布，而 Sharding-Sidecar 正在规划中。我们可以从这三款产品来分析 ShardingSphere 的设计理念。

1. Sharding-JDBC

ShardingSphere 的前身是 Sharding-JDBC，所以这是整个框架中最为成熟的组件。Sharding-JDBC 的定位为一个轻量级 Java 框架，在 JDBC 层提供了扩展性服务。JDBC 是一种开发规范，指定了 DataSource、Connection、Statement、PreparedStatement、

ResultSet 等一系列接口。而各大数据库供应商通过提供这些接口实现了自身对 JDBC 规范的支持，使得 JDBC 规范成为 Java 中被广泛采用的数据库访问标准。

基于这一点，Sharding-JDBC 在设计上一开始就完全兼容 JDBC 规范，Sharding-JDBC 对外暴露的一套分片操作接口与 JDBC 规范中所提供的接口完全一致。开发人员只需要了解 JDBC 规范，就可以使用 Sharding-JDBC 来实现分库分表，Sharding-JDBC 内部屏蔽了所有的分片规则和处理逻辑的复杂性。显然，这种方案就是一种具有高度兼容性的方案，能够为开发人员提供最简单、最直接的开发支持。Sharding-JDBC 与 JDBC 规范的兼容性示意图如图 1-15 所示。

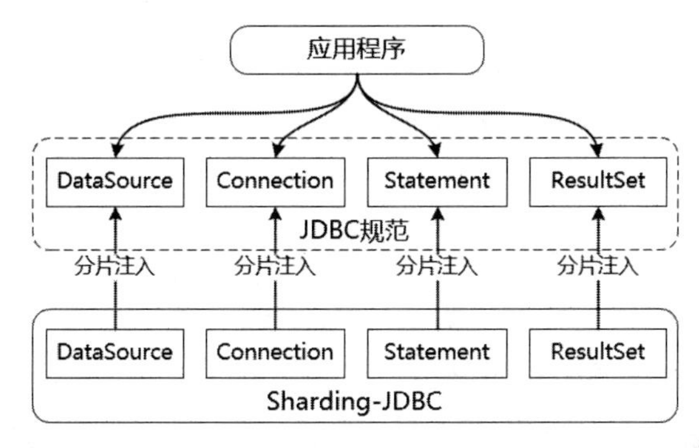

图 1-15 Sharding-JDBC 与 JDBC 规范的兼容性示意图

在实际开发过程中，Sharding-JDBC 以 JAR 包的形式提供服务。开发人员可以使用 JAR 包直连数据库，无须额外的部署和依赖管理。图 1-16 所示为 Sharding-JDBC 与应用程序的集成关系图。需要注意的是，Sharding-JDBC 背后依赖的是一套完整而强大的分片引擎。

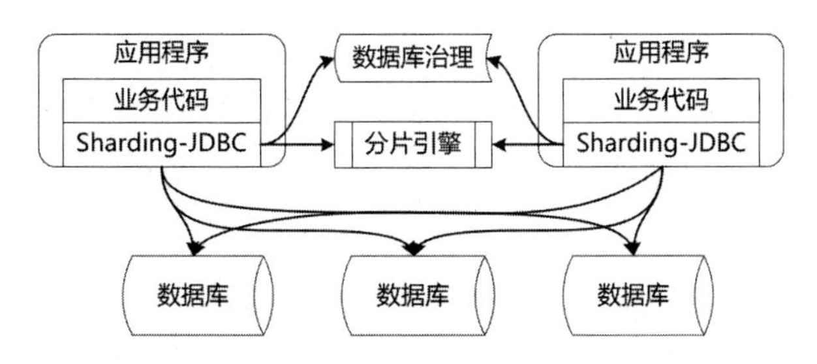

图 1-16 Sharding-JDBC 与应用程序的集成关系图

Sharding-JDBC 在 ORM 框架、数据库连接池及数据库等方面都提供了很好的兼容性支持。

（1）ORM 框架

适用于基于 JDBC 规范的主流 ORM 框架，包括 JPA、Hibernate、MyBatis 等，也可以直接使用原始的 JDBC 规范。

（2）数据库连接池

支持一些主流的第三方数据库连接池，包括 DBCP、C3P0、BoneCP、Druid 和 HikariCP 等。

（3）数据库

支持实现 JDBC 规范的主流数据库，包括 MySQL、Oracle、SQL Server、PostgreSQL 及任何遵循 SQL92 标准的数据库。

2. Sharding-Proxy

ShardingSphere 中的 Sharding-Proxy 组件被定位为一个透明化的数据库代理端，所以它是代理服务器分片方案的一种具体实现方式。在代理方案的设计和实现上，Sharding-Proxy 同样充分考虑了兼容性，体现在对异构语言、数据库及数据库客户端等方面的支持和完善上。

Sharding-Proxy 与应用程序的集成关系图如图 1-17 所示。对应用程序来说，这种代理机制是完全透明的，我们可以直接把它当作 MySQL 或 PostgreSQL 使用。

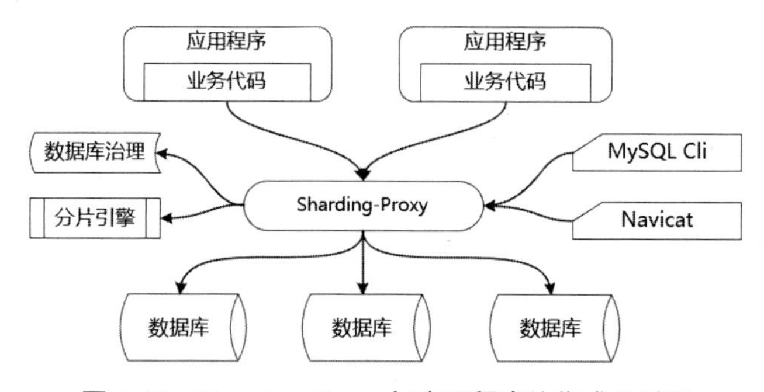

图 1-17　Sharding-Proxy 与应用程序的集成关系图

我们可以直接把 Sharding-Proxy 当作一个数据库，代理后面分库分表的多个数据库。Sharding-Proxy 屏蔽了后端多个数据库的复杂性。从图 1-17 中，我们也看到 Sharding-Proxy 的运行同样需要依赖于完成分片操作的分片引擎及用于管理数据库的治理组件。

虽然 Sharding-JDBC 和 Sharding-Proxy 具有不同的关注点，但事实上，我们完全可以将它们整合在一起使用，也就是说这两个组件之间也存在兼容性。

前文已经介绍过，使用 Sharding-JDBC 的方式是在应用程序中直接嵌入 JAR 包，这适用于业务开发人员。而 Sharding-Proxy 提供了静态入口及异构语言的支持，这适用于需要对分片数据库进行管理的中间件开发和运维人员。基于底层共通的分片引擎及数据库治理功能，我们可以混合使用 Sharding-JDBC 和 Sharding-Proxy，以便应对不同应用场景和不同开发人员，如图 1-18 所示。

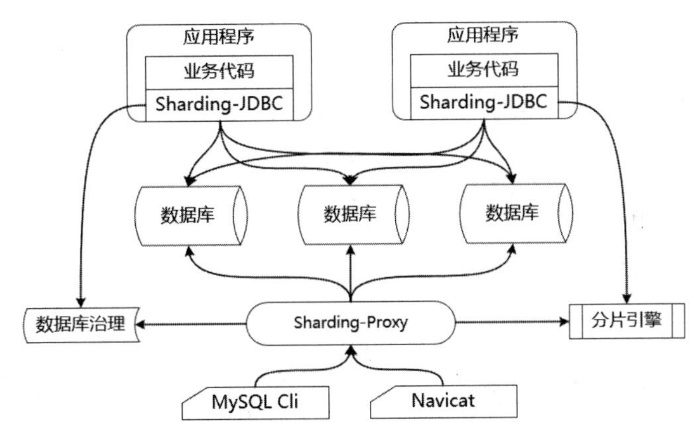

图 1-18　Sharding-JDBC 与 Sharding-Proxy 混合使用示意图

3．Sharding-Sidecar

Sidecar 模式正在受到越来越多人的关注和使用。作为 Service Mesh 的重要元素，Sidecar 模式对于构建高度可伸缩、弹性、安全且便于监控的系统至关重要。截至目前，ShardingSphere 给出了 Sharding-Sidecar 的规划，但还没有提供具体实现方案，这里不再进行详细介绍。但我们可以想象 Sharding-Sidecar 的作用就是以 Sidecar 的形式代理所有对数据库的访问。这也是一种兼容性的设计思路，通过无中心、零侵入的方案将分布式的数据访问应用与数据库有机串联起来。

1.3.2 ShardingSphere 解决方案

在介绍完 ShardingSphere 的设计理念之后，我们再来关注它为开发人员所提供的解决方案。从功能特性上讲，我们把 ShardingSphere 的整体功能分为基础设施、分片引擎、分布式事务、治理与集成四大部分。

1. 基础设施

作为一款开源框架，ShardingSphere 在架构上也提供了很多基础设施类的组件，这些组件更多与其内部实现机制有关，我们会在每个核心功能的源码解析部分详细讲解。对开发人员来说，可以认为微内核架构和分布式主键是 ShardingSphere 框架提供的基础设施类的核心功能。

（1）微内核架构

ShardingSphere 在设计上采用了微内核（MicroKernel）架构模式来确保系统具有高度的可扩展性。微内核架构包含两部分组件，即内核系统和插件。使用微内核架构对系统进行升级，要做的只是用新插件替换旧插件，而不需要改变整个系统架构。微内核架构所提供的可插拔机制示意图如图 1-19 所示。

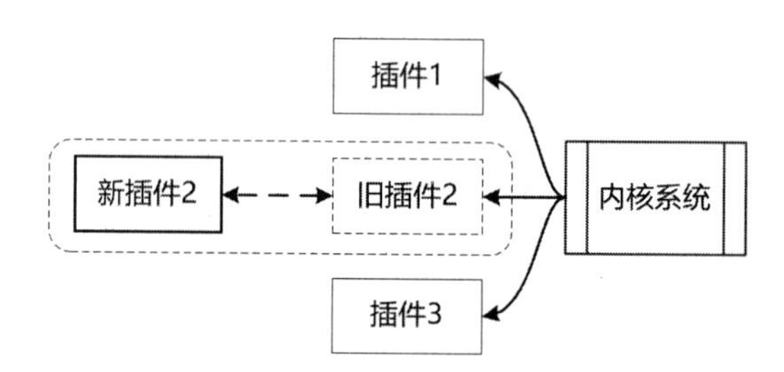

图 1-19　微内核架构所提供的可插拔机制示意图

在 ShardingSphere 中，抽象了一大批插件接口，包含用于实现 SQL 解析的 SQLParserEntry、用于实现配置中心的 ConfigCenter、用于数据脱敏的 ShardingEncryptor 及用于数据库治理的注册中心接口 RegistryCenter 等。开发人员完全可以根据自己的需要，基于这些插件定义来提供定制化实现，并动态加载到 ShardingSphere 运行环境中。

（2）分布式主键

在分片场景下，我们不能依靠单个数据库上的自增机制来实现不同数据节点之间的全局唯一主键，因此分布式主键的需求应运而生。ShardingSphere 同样提供了分布式主键的实现机制，其默认采用的是 SnowFlake（雪花）算法。

2. 分片引擎

对于分片引擎，ShardingSphere 同时支持数据分片和读写分离机制。

（1）数据分片

数据分片是 ShardingSphere 的核心功能，它支持常规的基于垂直拆分和水平拆分的分库分表操作。同时，ShardingSphere 也预留了分片扩展点，开发人员也可以基于需要实现分片策略的定制化开发。

（2）读写分离

在分库分表的基础上，ShardingSphere 也实现了基于数据库主从架构的读写分离机制。而且，这种读写分离机制可以和数据分片进行完美的整合。

3. 分布式事务

分布式事务是在分布式环境下确保数据一致性的基本功能，作为分布式数据库的一种生态圈，ShardingSphere 也提供了对分布式事务的全面支持。

（1）标准化事务处理接口

ShardingSphere 支持本地事务、基于 XA 两阶段提交的强一致性事务及基于 BASE 的柔性最终一致性事务。同时，ShardingSphere 抽象了一组标准化的事务处理接口，并通过分片事务管理器 ShardingTransactionManager 进行统一管理。我们也可以根据需要实现自己的 ShardingTransactionManager 从而对分布式事务进行扩展。

（2）强一致性事务与柔性事务

ShardingSphere 内置了一组分布式事务的实现方案，其中强一致性事务内置集成了 Atomikos、Narayana 和 Bitronix 等技术来实现 XA 事务管理器；另外，ShardingSphere 内部也整合了 Seata 来提供柔性事务功能。

4. 治理与集成

对于分布式数据库，其治理的范畴可以很广，ShardingSphere 也提供了注册中心、配置中心等一系列功能来支持数据库治理。ShardingSphere 作为一款支持快速开发的开源框架，也完成了与 Spring 等其他主流框架的无缝集成。

（1）数据脱敏

数据脱敏是确保数据访问安全的常见需求，通常做法是对原始的 SQL 语句进行改写，从而实现对原始数据进行加密。而在用户查询数据时，它又从数据库中取出密文数据并解密，最终将解密后的原始数据返回给用户。ShardingSphere 对这一数据脱敏过程实现了自动化和透明化，开发人员无须关注数据脱敏的实现细节。

（2）配置中心

关于配置信息的管理，我们可以基于 YAML 格式或 XML 格式的配置文件完成配置信息的维护，这在 ShardingSphere 中得到了支持。ShardingSphere 还提供了配置信息动态化管理机制，即可支持数据源、表与分片及读写分离策略的动态切换。

（3）注册中心

与配置中心相比，注册中心在 ShardingSphere 中的应用更为广泛。ShardingSphere 中的注册中心提供了基于 Nacos 和 ZooKeeper 的两种实现方式。而在应用场景上，我们可以基于注册中心完成数据库实例管理、数据库熔断禁用等治理功能。

（4）链路跟踪

解析与执行 SQL 语句是数据分片的核心步骤。ShardingSphere 在完成这两个步骤的同时，也会将运行时的数据通过标准协议提交到链路跟踪系统。ShardingSphere 使用 OpenTracing API 发送性能追踪数据。例如，SkyWalking、Zipkin 和 Jaeger 等面向 OpenTracing 协议的具体产品都可以和 ShardingSphere 自动完成对接。

（5）系统集成

系统集成是指 ShardingSphere 和 Spring 系列框架的集成。到目前为止，ShardingSphere 实现了两种系统集成机制，一种是命名空间机制，即通过扩展 Spring Schema 来实现与 Spring 框架的集成；另一种是通过编写自定义的 starter 组件来完成与 Spring Boot 的集成。这样，无论开发人员采用哪种 Spring 框架，对使用 ShardingSphere 来说学习成本都是零。

1.4　本书架构

图 1-20 所示为本书架构图。本章作为全书的第 1 章，主要围绕分库分表架构本身展开讨论，从分库分表的核心概念出发结合 ShardingSphere 的设计和实现方法，为读者提供了一套简略而完整的数据分库分表解决方案的知识体系。

图 1-20　本书架构图

在本章的基础上，第 2 章正式引入 ShardingSphere，重点关注它的各种使用方式及配置体系。开发人员使用 ShardingSphere 的主要工作内容就是基于这些使用方式和配置体系完成应用程序与 ShardingSphere 之间的集成。

第 3 章完整地介绍 ShardingSphere 整体架构。ShardingSphere 在设计上体现了与 JDBC 规范高度的兼容性，结合微内核架构实现了一套插件式的架构体系，并与 Spring 框架实现了无缝集成。

第 4 章～第 8 章围绕 ShardingSphere 中的各项核心功能展开详细讨论，这部分构成了 ShardingSphere 中 Sharding-JDBC 产品的主体内容。其中，第 4 章主要介绍 ShardingSphere 所具备的最基础的数据分片功能，第 5 章主要介绍 ShardingSphere 读写分离功能，第 6 章主要介绍 ShardingSphere 分布式事务，第 7 章主要介绍 ShardingSphere 数据脱敏的核心概念和使用方法，第 8 章主要介绍 ShardingSphere 提供的编排治理功能。

第 9 章主要介绍 ShardingSphere 中的另一款核心产品，即充当代理服务器的 Sharding-Proxy。详细介绍 Sharding-Proxy 的使用方法，并从架构上阐述它与 Sharding-JDBC 之间的整合关系。

本书从第 4 章开始，将通过一个全面而完整的实例贯穿各章内容。

1.5 本章小结

本章全面分析了我们之所以使用分库分表中间件的原因、分库分表的具体表现形式，以及与读写分离之间的关联关系。然后，我们基于分库分表的基本概念，给出了具有代表性的三大类解决方案及其代表性框架。我们初识了 ShardingSphere 设计理念和核心组件、ShardingSphere 解决方案。

第 2 章将全面引入 ShardingSphere 框架，来看看它究竟是一款什么样的 Apache 开源框架，以及开发人员如何高效地使用这款开源框架。

第2章

引入 ShardingSphere

目前，ShardingSphere 已经为我们提供了 Sharding-JDBC 和 Sharding-Proxy 两款强大的产品，并同时规划了面向云原生的 Sharding-Sidecar 模块，很好地解决了对海量数据进行存储和访问时所涉及的问题。

正是因为 ShardingSphere 具备这些功能特性，使得它在分布式数据库领域处于领先地位，并具有一种长远发展的技术趋势。ShardingSphere 不仅获取了 Apache 基金会的官方认同，还在开源社区拥有大量的用户，并拥有一大批来自世界各地的项目贡献者，社区活跃度非常高。

随着 ShardingSphere 在各大公司获得越来越广泛的应用，我们有必要先来分析一下该框架的使用方式。通过学习本章内容，我们可以看到 ShardingSphere 为开发人员提供了非常友好的开发支持。

2.1 ShardingSphere 的使用方式

下面先来分析一下 ShardingSphere 为开发人员提供了哪些开发支持。本书使用的是应用最广泛的 ShardingSphere 4.X 版本。

2.1.1 数据库和 JDBC 驱动集成

因为 ShardingSphere 最终操作的还是关系型数据库，并基于 JDBC 规范做了重写，所以其在具体应用上相对比较简单。我们只要把握 JDBC 驱动和数据库连接池的使用方式即可。

1. JDBC 驱动

ShardingSphere 支持 MySQL、Oracle 等实现 JDBC 规范的主流关系型数据库。我们在使用这些数据库时，常见的做法就是指定具体数据库对应的 JDBC 驱动类、URL 及用户名和密码。

这里以 MySQL 为例，展示在 Spring Boot 应用程序中通过 yaml 配置文件指定 JDBC 驱动的一般做法，代码如下：

```
    driverClassName: com.mysql.jdbc.Driver
    jdbcUrl: jdbc:mysql://localhost:3306/test_database?
serverTimezone=UTC&useSSL=false&useUnicode=true&characterEncoding=UTF-8
    username: root
    password: root
```

2. 数据库连接池

配置 JDBC 驱动的目的是为了获取访问数据库所需要的 Connection 对象。为了提高性能，主流做法都是采用数据库连接池方案。数据库连接池将创建的 Connection 对象存储到连接池中，然后从连接池中提供 Connection 对象。

ShardingSphere 支持一些主流的第三方数据库连接池，包括 DBCP、C3P0、BoneCP、Druid 和 HikariCP 等。在应用 ShardingSphere 时，我们可以通过创建 DataSource 来使用数据库连接池。例如，在 Spring Boot 中，我们可以在 properties 配置文件中使用阿里巴巴提供的 DruidDataSource 类初始化基于 Druid 数据库连接池的 DataSource，代码如下：

```
    spring.shardingsphere.datasource.names= test_datasource
    spring.shardingsphere.datasource.test_datasource.type=com.alibaba.d
ruid.pool.DruidDataSource
```

```
    spring.shardingsphere.datasource.test_datasource.driver-class-
name=com.mysql.jdbc.Driver
    spring.shardingsphere.datasource.test_datasource.jdbc-
url=jdbc:mysql://localhost:3306/test_database?serverTimezone=UTC&useSSL
=false&useUnicode=true&characterEncoding=UTF-8
    spring.shardingsphere.datasource.test_datasource.username=root
    spring.shardingsphere.datasource.test_datasource.password=root
```

而对使用 Spring 框架的开发人员来说，可以直接在 Spring 容器中注入一个 HikariDataSource 的 JavaBean，代码如下：

```
    <bean id="test_datasource"
class="com.alibaba.druid.pool.DruidDataSource" destroy-method="close">
        <property name="driverClassName" value="com.mysql.jdbc.Driver"/>
        <property name="jdbcUrl" value="jdbc:mysql://localhost:3306/
test_database?useSSL=false&useUnicode=true&characterEncoding=UTF-8"/>
        <property name="username" value="root"/>
        <property name="password" value="root"/>
    </bean>
```

2.1.2 开发框架集成

从上文介绍的配置信息中，我们实际上已经看到了 ShardingSphere 集成的两款主流开发框架：Spring 和 Spring Boot，它们都对 JDBC 规范做了封装。对于没有使用或无法使用 Spring 框架的场景，我们也可以直接在原生 Java 应用程序中使用 ShardingSphere。

在介绍开发框架的具体集成方式之前，我们先设计一个简单的应用场景。假设系统中存在一个用户表 user，因为这张表的数据量比较大，所以将它进行分库分表处理，计划分成两个数据库 ds0 和 ds1，每个库中再分成两张表 user0 和 user1，如图 2-1 所示。

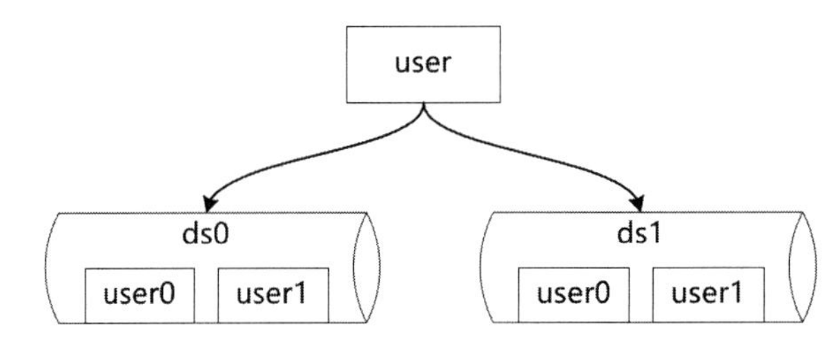

图 2-1 user 单表的分库分表结构图

下面来看一下如何基于 Java 原生、Spring 及 Spring Boot 开发框架针对这一场景实现分库分表。

1. Java 原生

如果使用 Java 原生的开发方式，则需要全部通过 Java 代码来创建和管理 ShardingSphere 与分库分表相关的所有类。如果不做特殊说明，则本书将默认使用 Maven 实现包依赖关系的管理。所以，我们首先需要引入对 sharding-jdbc-core 组件的 Maven 依赖，代码如下：

```
<dependency>
    <groupId>org.apache.shardingsphere</groupId>
    <artifactId>sharding-jdbc-core</artifactId>
</dependency>
```

然后，按照 JDBC 的使用方法，创建 DataSource、Connection、Statement 等一系列接口的实现类，并通过这些实现类完成具体的数据库访问操作。

我们先来看创建 DataSource 的 Java 代码。这里构建了一个工具类 DataSourceUtil 用于获取一个 HikariDataSource，代码如下：

```
public final class DataSourceUtil {

    private static final String HOST = "localhost";
    private static final int PORT = 3306;
    private static final String USER_NAME = "root";
    private static final String PASSWORD = "root";
```

```
    public static DataSource createDataSource(final String
dataSourceName) {
        DruidDataSource result = new DruidDataSource();
        result.setDriverClassName(com.mysql.jdbc.Driver.
class.getName());
        result.setJdbcUrl(String.format("jdbc:mysql://%s:%s/%s?
serverTimezone=UTC&useSSL=false&useUnicode=true&characterEncoding=UTF-
8", HOST, PORT, dataSourceName));
        result.setUsername(USER_NAME);
        result.setPassword(PASSWORD);
        return result;
    }
}
```

在该实例中，因为要创建两个用户库，所以使用一个 Map 来保存两个数据源对象，代码如下：

```
private static Map<String, DataSource> createDataSourceMap() {
    Map<String, DataSource> result = new HashMap<>();
    result.put("ds0", DataSourceUtil.createDataSource("ds0"));
    result.put("ds1", DataSourceUtil.createDataSource("ds1"));
    return result;
}
```

有了包含初始化 DataSource 的数据源集合之后，就可以通过设计分库分表规则来获取目标 DataSource，代码如下：

```
public DataSource dataSource() throws SQLException {

    //创建分片规则配置类
    ShardingRuleConfiguration shardingRuleConfig = new
ShardingRuleConfiguration();

    //创建分表规则配置类
    TableRuleConfiguration tableRuleConfig = new
TableRuleConfiguration("user", "ds${0..1}.user${0..1}");

    //创建分布式主键生成配置类
    Properties properties = new Properties();
```

```
        result.setProperty("worker.id", "33");
        KeyGeneratorConfiguration keyGeneratorConfig = new
KeyGeneratorConfiguration("SNOWFLAKE", "id", properties);
        result.setKeyGeneratorConfig(keyGeneratorConfig);
        shardingRuleConfig.getTableRuleConfigs(). add(tableRuleConfig);

        //根据年龄分库，一共分为两个库
        shardingRuleConfig.setDefaultDatabaseShardingStrategyConfig (new
InlineShardingStrategyConfiguration("age", "ds${age % 2}"));

        //根据用户 ID 分表，一共分为两张表
        shardingRuleConfig.setDefaultTableShardingStrategyConfig(new
StandardShardingStrategyConfiguration("id", "user${id % 2}"));

        //通过工厂类创建具体的 DataSource
        return ShardingDataSourceFactory.createDataSource
(createDataSourceMap(), shardingRuleConfig, new Properties());
    }
```

这里使用到了大量 ShardingSphere 中的规则配置类，包含分片规则配置、分表规则配置、分布式主键生成配置等。同时，在分片规则配置中使用行表达式来设置具体的分片规则。关于行表达式的具体使用方法将在 2.2.1 节进行介绍，这里只是简单地根据用户的年龄和 ID 分别进行分库和分表。同时，在方法中传入了前文已经初始化的 DataSource 集合并通过工厂类来创建具体某一个目标 DataSource。

一旦获取了目标 DataSource 之后，就可以使用 JDBC 中的核心接口来执行传入的 SQL 语句，代码如下：

```
    List<User> getUsers(final String sql) throws SQLException {
        List<User> result = new LinkedList<>();
        try (Connection connection = dataSource.getConnection();
             PreparedStatement preparedStatement =
connection.prepareStatement(sql);
             ResultSet resultSet = preparedStatement.executeQuery()) {
             while (resultSet.next()) {
                User user= new User();
                //省略设置 User 对象的赋值语句
```

```
            result.add(user);
        }
    }
    return result;
}
```

可以看到，这里用到了 Connection、PreparedStatement 和 ResultSet 等 JDBC 接口执行查询并获取结果，整个过程就像是在使用普通的 JDBC 一样。但这时，这些 JDBC 接口的实现类都已经嵌入了分片功能。

2. Spring

如果使用 Spring 作为开发框架，那么 JDBC 中各个核心对象的创建过程都会交给 Spring 容器来完成。ShardingSphere 基于命名空间（namespace）机制完成了与 Spring 框架的无缝集成。要想使用这种机制，需要先引入对应的 Maven 依赖，代码如下：

```
<dependency>
    <groupId>org.apache.shardingsphere</groupId>
    <artifactId>sharding-jdbc-spring-namespace</artifactId>
</dependency>
```

Spring 中的命名空间机制本质上就是基于 Spring 配置文件的 XML Scheme 添加自定义配置项并进行解析，所以我们会在 XML 配置文件中看到一系列与分片相关的自定义配置项。例如，DataSource 的初始化过程相当于创建一个 JavaBean 的过程，代码如下：

```
<bean id="ds0" class="com.alibaba.druid.pool.DruidDataSourc">
    <property name="driverClassName" value="com.mysql.jdbc.Driver"/>
    <property name="jdbcUrl" value="jdbc:mysql://localhost:
3306/ds0?useSSL=false&useUnicode=true&characterEncoding=UTF-8"/>
    <property name="username" value="root"/>
    <property name="password" value="root"/>
</bean>
```

接下来，我们同样可以通过一系列的配置项来初始化相应的分库规则，并最终完成目标 DataSource 的创建过程，代码如下：

```
<!-- 创建分库配置 -->
```

```
    <sharding:inline-strategy id="databaseStrategy" sharding-column="age" algorithm-expression="ds${age % 2}" />

    <!-- 创建分表配置 -->
    <sharding:inline-strategy id="tableStrategy" sharding-column="id" algorithm-expression="user${id % 2}" />

    <!-- 创建分布式主键生成配置 -->
    <bean:properties id="properties">
        <prop key="worker.id">33</prop>
    </bean:properties>
    <sharding:key-generator id="keyGenerator" type="SNOWFLAKE" column="id" props-ref="properties" />

    <!-- 创建分片规则配置 -->
    <sharding:data-source id="shardingDataSource">
        <sharding:sharding-rule data-source-names="ds0, ds1">
            <sharding:table-rules>
                <sharding:table-rule logic-table="user" actual-data-nodes="ds${0..1}.user${0..1}" database-strategy-ref="databaseStrategy" table-strategy-ref="tableStrategy" key-generator-ref="keyGenerator" />
            </sharding:table-rules>
        </sharding:sharding-rule>
    </sharding:data-source>
```

关于这些配置项的详细内容将会在 2.2.3 节中进行介绍。

3. Spring Boot

如果你使用的开发框架是 Spring Boot，那么所需要做的也是编写一些配置项。在 Spring Boot 中，配置项的组织形式有两种，一种是 yaml 配置文件，另一种是 properties 配置文件，这里以 properties 配置文件为例给出 DataSource 的配置，代码如下：

```
spring.shardingsphere.datasource.names=ds0,ds1

# 配置数据源 ds0
spring.shardingsphere.datasource.ds0.type=com.alibaba.druid.pool.DruidDataSourc
```

```
    spring.shardingsphere.datasource.ds0.driver-class-
name=com.mysql.jdbc.Driver
    spring.shardingsphere.datasource.ds0.jdbc-
url=jdbc:mysql://localhost:3306/ds0?serverTimezone=UTC&useSSL=false&use
Unicode=true&characterEncoding=UTF-8
    spring.shardingsphere.datasource.ds0.username=root
    spring.shardingsphere.datasource.ds0.password=root

    # 配置数据源 ds1
    spring.shardingsphere.datasource.ds1.type=com.alibaba.druid.pool.Dr
uidDataSourc
    spring.shardingsphere.datasource.ds1.driver-class-
name=com.mysql.jdbc.Driver
    spring.shardingsphere.datasource.ds1.jdbc-
url=jdbc:mysql://localhost:3306/ds1?serverTimezone=UTC&useSSL=false&use
Unicode=true&characterEncoding=UTF-8
    spring.shardingsphere.datasource.ds1.username=root
    spring.shardingsphere.datasource.ds1.password=root
```

配置完 DataSource 之后，我们同样可以设置对应的分库策略、分表策略及分布式主键生成策略，代码如下：

```
    # 设置分库策略
    spring.shardingsphere.sharding.default-database-
strategy.inline.sharding-column=age
    spring.shardingsphere.sharding.default-database-
strategy.inline.algorithm-expression=ds$->{age % 2}

    # 设置分表策略
    spring.shardingsphere.sharding.tables.user.actual-data-
nodes=ds$->{0..1}.user$->{0..1}
    spring.shardingsphere.sharding.tables.user.table-
strategy.inline.sharding-column=id
    spring.shardingsphere.sharding.tables.user.table-
strategy.inline.algorithm-expression=user$->{id % 2}

    # 设置分布式主键生成策略
    spring.shardingsphere.sharding.tables.user.key-generator.column=id
```

```
    spring.shardingsphere.sharding.tables.user.key-
generator.type=SNOWFLAKE
    spring.shardingsphere.sharding.tables.user.key-
generator.props.worker.id=33
```

可以看到，相比 Spring 提供的命名空间机制，基于 Spring Boot 的配置风格相对简洁明了，容易理解。

一旦提供了这些配置项，我们就可以直接在应用程序中注入一个 DataSource 来获取 Connection 等 JDBC 对象。在日常开发过程中，如果使用了 Spring 和 Spring Boot 开发框架，则一般都不会直接使用原生的 JDBC 接口来操作数据库，而是通过集成常见的 ORM 框架来实现这一点。

2.1.3 ORM 框架集成

在 Java 领域，主流的 ORM 框架可以分成两大类，一类遵循 JPA（Java Persistence API，Java 持久层 API）规范，代表性的框架有 Hibernate、TopLink 等；另一类完全采用自定义的方式实现对象和关系之间的映射，代表性的框架有 MyBatis。

这里以 Spring Boot 框架为例，简要介绍这两种 ORM 框架的集成方式。基于 Spring Boot 提供的强大的自动配置机制，我们发现集成 ORM 框架的方式非常简单。

1. JPA

如果想要在 Spring Boot 中使用 JPA，就需要在 pom 文件中添加对 spring-boot-starter-data-jpa 的 Maven 依赖，代码如下：

```
<dependency>
      <groupId>org.springframework.boot</groupId>
      <artifactId>spring-boot-starter-data-jpa</artifactId>
</dependency>
```

一旦添加了 Maven 依赖，Spring Boot 就会自动导入 spring-orm、hibernate-entity-manager、spring-data-jpa 等一系列工具包。然后，就可以在 application.properties 配置文件中添加与 JPA 相关的配置项，代码如下：

```
spring.jpa.properties.hibernate.hbm2ddl.auto=create-drop
```

```
spring.jpa.properties.hibernate.dialect=org.hibernate.dialect.MySQL
5Dialect
spring.jpa.properties.hibernate.show_sql=false
```

当然，我们需要在业务代码中完成 JPA 的 Entity 实体类、Repository 仓库类的定义，并在 Spring Boot 的启动类中完成对包含对应包结构的扫描，代码如下：

```
@ComponentScan("com.user.jpa")
@EntityScan(basePackages = "com.user.jpa.entity")
public class UserApplication
```

2．MyBatis

对 MyBatis 来说，集成的步骤也类似。首先，需要添加 Maven 依赖，代码如下：

```
<dependency>
    <groupId>org.mybatis.spring.boot</groupId>
    <artifactId>mybatis-spring-boot-starter</artifactId>
</dependency>
```

因为 MyBatis 的启动依赖于框架提供的专用配置项，所以会把这些配置项组织在一个独立的配置文件中，并在 Spring Boot 的 application.properties 中引用这个配置文件，代码如下：

```
mybatis.config-location=classpath:META-INF/mybatis-config.xml
```

这里的 mybatis-config.xml 配置文件至少会包含各种 MyBatis Mapper 文件的定义，代码如下：

```
<?xml version="1.0" encoding="UTF-8" ?>
<!DOCTYPE configuration
      PUBLIC "-//mybatis.org//DTD Config 3.0//EN"
      "http://mybatis.org/dtd/mybatis-3-config.dtd">
<configuration>
   <mappers>
      <mapper resource="mappers/UserMapper.xml"/>
   </mappers>
</configuration>
```

而在 MyBatis Mapper 文件中，就包含了运行 MyBatis 所需的实体与数据库模式之间的映射关系，以及各种数据库操作的 SQL 语句定义。

然后，同样需要在 Spring Boot 的启动类中添加对包含各种 Entity 和 Repository 定义的包结构的扫描机制，代码如下：

```
@ComponentScan("com.user.mybatis")
@MapperScan(basePackages = "com.user.mybatis.repository")
public class UserApplication
```

到这里，关于 ShardingSphere 的各种使用方式就介绍完了。

2.2 ShardingSphere 的配置机制

通过前文的介绍，我们发现除了要掌握 Spring、Spring Boot、MyBatis 等常见框架的功能特性，还要通过使用 ShardingSphere 根据业务需求完成各种分片操作相关配置项的设置。本节将深入讲解 ShardingSphere 的配置机制，这也是我们使用 ShardingSphere 核心功能的前提。

2.2.1 行表达式

下面先介绍 ShardingSphere 框架，并为开发人员提供一个辅助功能。这个辅助功能就是行表达式（Line Expression）。

行表达式是 ShardingSphere 一种用于实现简化和统一配置信息的工具，在日常开发过程中的应用非常广泛。它的使用方式非常直观，只需要在配置中使用${expression}表达室或$->{expression}表达式即可。

例如，在 2.1.2 节中使用到的 ds${0..1}.user${0..1}就是一个行表达式，用来设置可用的数据源或数据表名称。基于行表达式语法，${begin..end}表示的是一个从 begin 到 end 的范围，而多个${expression}之间可以用“.”符号进行连接，表示多个表达式数值之间的一种笛卡儿积关系。如果采用图形化的表现形式，则 ds${0..1}.user${0..1}表达式最终会被解析成如图 2-2 所示的结果。

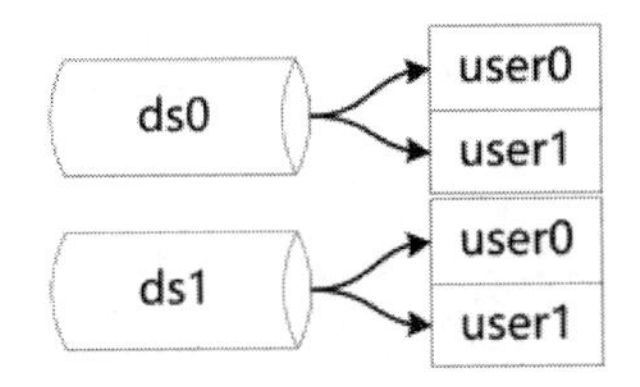

图 2-2 ds${0..1}.user${0..1}表达式的解析效果图

当然，类似场景也可以使用枚举的方式列举所有的可能值。行表达式也提供了${[enum1, enum1,⋯, enumx]}语法表示枚举值，所以 ds${0..1}.user${0..1}的效果等同于 ds${[0,1]}.user${[0,1]}的效果。

同样，在 2.1.2 节中 ds${age % 2}表示根据 age 字段对 2 进行取模，从而自动计算目标数据源是 ds0 还是 ds1。所以，除配置数据源和数据表名称之外，行表达式在 ShardingSphere 中的另一个常见的应用场景就是配置各种分片算法。

由于${expression}与 Spring 本身的属性文件占位符冲突，而 Spring 又是目前主流的开发框架，因此在生产环境中建议使用$->{expression}进行配置。

2.2.2 ShardingSphere 的核心配置

对分库分表、读写分离操作来说，配置的主要任务是完成各种规则的创建和初始化。配置是整个 ShardingSphere 的核心，也是我们在日常开发过程中的主要工作。可以说，只要我们掌握了 ShardingSphere 的核心配置，就相当于掌握了这个框架的使用方法。那么，ShardingSphere 有哪些核心配置呢？这里以分片引擎为例介绍最常用的几个配置项，而与读写分离、数据脱敏、编排治理相关的配置项我们会在介绍具体的场景时再做展开。

1. ShardingRuleConfiguration

我们在前文已经了解了如何通过框架之间的集成方法来创建一个 DataSource，这个 DataSource 就是我们使用 ShardingSphere 的入口。而在创建 DataSource 的过程中使用了一个 ShardingDataSourceFactory 类，在这个工厂类的构造函数中需要传入一个 ShardingRuleConfiguration 对象。从命名上看，ShardingRuleConfiguration 就是用于分片规则的配置入口。

ShardingRuleConfiguration 所需要配置的规则比较多，我们可以通过一张图片进行简单说明，并列举了每个配置项的名称、类型及个数关系，如图 2-3 所示。

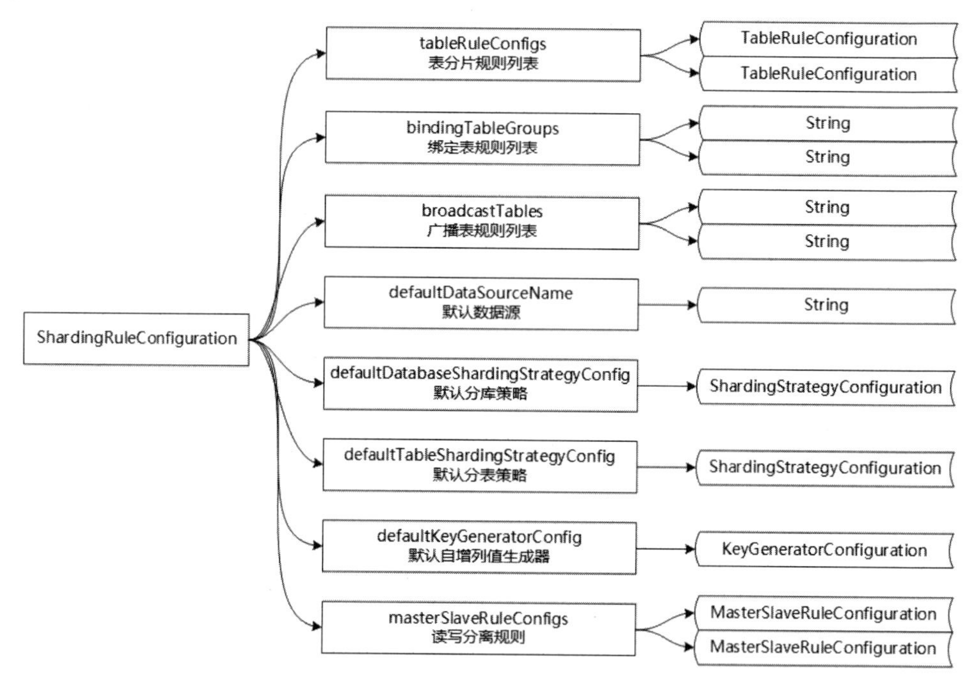

图 2-3　ShardingRuleConfiguration 的配置项列表

这里引入了一些新的概念，如绑定表、广播表等，这些概念将会在第 4 章进行详细介绍。事实上，对 ShardingRuleConfiguration 来说，必须要设置的只有一个配置项，即 TableRuleConfiguration。

2．TableRuleConfiguration

从命名上看，TableRuleConfiguration 是表分片规则配置，但事实上这个类同时包含了对分库和分表两种场景的设置。TableRuleConfiguration 包含很多重要的配置项。

（1）actualDataNodes

actualDataNodes 表示真实的数据节点，由数据源名+表名组成，支持行表达式。例如，ds${0..1}.user${0..1}就是比较典型的一种配置方式。

（2）databaseShardingStrategyConfig

databaseShardingStrategyConfig 表示分库策略，缺省表示使用默认分库策略，这里的默认分库策略就是 ShardingRuleConfiguration 中的 defaultDatabaseShardingStrategyConfig 配置。

（3）tableShardingStrategyConfig

和 databaseShardingStrategyConfig 一样，tableShardingStrategyConfig 表示分表策略，缺省表示使用默认分表策略，这里的默认分表策略同样来自 ShardingRuleConfiguration 中的 defaultTableShardingStrategyConfig 配置。

（4）keyGeneratorConfig

keyGeneratorConfig 表示分布式环境下的自增列生成器配置。ShardingSphere 集成了雪花算法等分布式 ID 的生成器实现。

3．ShardingStrategyConfiguration

databaseShardingStrategyConfig 和 tableShardingStrategyConfig 的类型都是一个 ShardingStrategyConfiguration 对象。在 ShardingSphere 中，ShardingStrategyConfiguration 实际上是一个空接口，具有一系列的实现类，每个实现类都表示一种分片的具体策略，如图 2-4 所示。

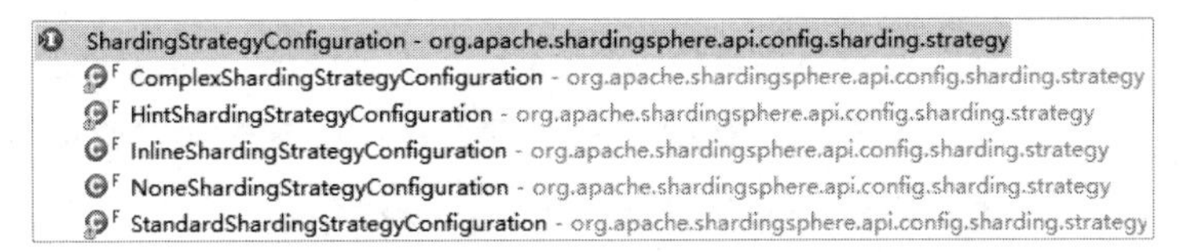

图 2-4　ShardingStrategyConfiguration 的类层结构图

对 ShardingStrategyConfiguration 来说，通常需要指定一个分片列 shardingColumn 及一个或多个分片算法 ShardingAlgorithm。当然也有例外，例如 HintSharding-StrategyConfiguration 直接使用数据库的 Hint 机制实现强制路由，而不需要分片列。

4．KeyGeneratorConfiguration

对一个自增列来说，KeyGeneratorConfiguration 先要指定一个列名 column。同时，因为 ShardingSphere 内置了一些自增列的实现机制，如雪花算法（SnowFlake）及通用唯一识别码（UUID），所以可以通过一个 type 配置项进行指定。最后，我们可以利用 Properties 配置项指定自增值生成过程中所需要的相关属性配置。

基于以上核心配置项，我们已经可以完成日常开发过程中常见的分库分表操作。当然，对于不同的开发人员，如何采用某一个特定的方式将这些配置项信息集成到业务代码中，也存在着不同的诉求。因此，ShardingSphere 也提供了一系列的配置方式以供开发人员选择。

2.2.3 ShardingSphere 的配置方式

从 Java 代码到配置文件，ShardingSphere 提供了 Java 代码配置、Yaml 配置、Spring 命名空间配置和 Spring Boot 配置 4 种配置方式，用于不同的使用场景。

1. Java 代码配置

Java 代码配置是使用 ShardingSphere 所提供的底层 API 来完成配置系统构建的原始方式。前文已经介绍了初始化 ShardingRuleConfiguration 类和 TableRuleConfiguration 类的方法，并通过 ShardingDataSourceFactory 创建目标 DataSource 的具体方法，这里不再进行介绍。

在日常开发中，我们一般不会直接使用 Java 代码来完成 ShardingSphere 配置体系的构建。一方面，如果使用 Java 代码来实现配置，一旦有变动就需要重新编译代码并发布，不利于实现配置信息的动态化管理和系统的持续集成。另一方面，代码级别的配置方式也比较烦琐，不够直接且容易出错，不易维护。

当然，也可能有例外情况。例如，如果我们需要和其他框架进行更加底层的集成或定制化开发时，往往只能采用 Java 代码才能达到理想的效果。同时，对刚开始学习 ShardingSphere 的开发人员来说，基于框架提供的 API 进行开发更加有利于快速掌握框架提供的各种类之间的关联关系和类层结构。

2．Yaml 配置

Yaml 配置是 ShardingSphere 所推崇的一种配置方式。Yaml 的语法和其他高级语言的语法类似，并且可以非常直观地表达各种列表、清单、标量等数据形态，特别适合用来表达或编辑数据结构和各种配置文件。

在语法上，"!!" 表示实例化该类，以 "-" 开头的行表示构成一个数组，":" 表示 "键-值" 对，"#" 表示注释。需要注意的是，Yaml 语法区分字母大小写，并使用缩进表示层级关系。这里列举一个基于 ShardingSphere 实现读写分离场景下的配置实例，代码如下：

```
dataSources:
  dsmaster: !!com.alibaba.druid.pool.DruidDataSource
    driverClassName: com.mysql.jdbc.Driver
    url: jdbc:mysql://119.3.52.175:3306/dsmaster
    username: root
    password: root
  dsslave0: !!com.alibaba.druid.pool.DruidDataSource
    driverClassName: com.mysql.jdbc.Driver
    url: jdbc:mysql://119.3.52.175:3306/dsslave0
    username: root
    password: root
  dsslave1: !!com.alibaba.druid.pool.DruidDataSource
    driverClassName: com.mysql.jdbc.Driver
    url: jdbc:mysql://119.3.52.175:3306/dsslave1
    username: root
    password: root

masterSlaveRule:
  name: health_ms
  masterDataSourceName: dsmaster
  slaveDataSourceNames: [dsslave0, dsslave1]
```

可以看到，这里配置了 dsmaster、dsslave0 和 dsslave1 共 3 个 DataSource，然后针对每个 DataSource 分别设置了它们的驱动信息。最后，基于这 3 个 DataSource 配置了一个 masterSlaveRule 用于指定具体的主从架构。

在 ShardingSphere 中，我们可以把配置信息存储在一个 yaml 配置文件中，并通过加载这个配置文件来完成配置信息的解析和加载。这种机制为开发人员高效管理配置信息提供了更多的灵活性和可定制性。

3. Spring 命名空间配置

我们可以通过自定义配置标签实现方案来扩展 Spring 的命名空间，从而在 Spring 中嵌入各种自定义的配置项。从 Spring 2.0 版本开始提供了基于 XML Schema 的风格来定义 JavaBean 的扩展机制。通过 XML Schema 定义，可以把一些原本需要通过复杂的 JavaBean 组合定义的配置形式，用一种简单而可读的配置形式呈现出来。Schema-based XML 由以下 3 部分构成，代码如下：

```
<master-slave:load-balance-algorithm id="randomStrategy"/>
```

其中，master-slave 是命名空间，从这个命名空间可以明确地区分所属的逻辑分类用于实现读写分离；load-balance-algorithm 是一种元素，用于设置读写分离中的负载均衡算法；而 id 就是负载均衡下的一个配置选项，它的值为 randomStrategy。

在 ShardingSphere 中，同样可以使用基于命名空间来实现完整的读写分离配置，代码如下：

```
<beans
...
http://shardingsphere.apache.org/schema/shardingsphere/masterslave
http://shardingsphere.apache.org/schema/shardingsphere/masterslave/
master-slave.xsd">

    <bean id=" dsmaster " class="
com.alibaba.druid.pool.DruidDataSource" destroy-method="close">
        <property name="driverClassName"
value="com.mysql.jdbc.Driver"/>
        <property name="url"
value="jdbc:mysql://localhost:3306/dsmaster?useSSL=false&useUnicode=tru
e&characterEncoding=UTF-8"/>
        <property name="username" value="root"/>
        <property name="password" value="root"/>
```

```
        </bean>

        <bean id="dsslave0"
class="com.alibaba.druid.pool.DruidDataSource" destroy-method="close">
            <property name="driverClassName"
value="com.mysql.jdbc.Driver"/>
            <property name="url"
value="jdbc:mysql://localhost:3306/dsslave0?useSSL=false&useUnicode=tru
e&characterEncoding=UTF-8"/>
            <property name="username" value="root"/>
            <property name="password" value="root"/>
        </bean>

       <bean id="dsslave1"
class="com.alibaba.druid.pool.DruidDataSource" destroy-method="close">
            <property name="driverClassName"
value="com.mysql.jdbc.Driver"/>
            <property name="url"
value="jdbc:mysql://localhost:3306/dsslave1?useSSL=false&useUnicode=tru
e&characterEncoding=UTF-8"/>
            <property name="username" value="root"/>
            <property name="password" value="root"/>
        </bean>

        <master-slave:load-balance-algorithm id="randomStrategy"
type="RANDOM" />
        <master-slave:data-source id="masterSlaveDataSource" master-
data-source-name="dsmaster" slave-data-source-names="dsslave0,
dsslave1" strategy-ref="randomStrategy" />
    </beans>
```

这里引入了 master-slave 这个新的命名空间，完成了负责均衡算法和 3 个主从 DataSource 的设置。

4．Spring Boot 配置

Spring Boot 已经成为 Java 领域流行的开发框架，其提供了约定优于配置的设计理

念。通常，开发人员可以把配置项放在 application.properties 配置文件中。同时，为了便于对配置信息进行管理和维护，Spring Boot 也提供了 profile 的概念，可以基于 profile 灵活组织面对不同环境或应用场景的配置信息。在使用 profile 时，配置文件的命名方式有一定的约定，代码如下：

```
{application}-{profile}.properties
```

基于这种命名约定，无论是面向传统的单库单表场景，还是面向主从架构的读写分离场景，分别需要提供两个不同的 properties 配置文件，代码如下：

```
application-traditional.properties
application-master-slave.properties
```

这里的 traditional 和 master-slave 就是具体 profile。现在，在 application.properties 配置文件中就可以使用 spring.profiles.active 配置项来设置当前所使用的 profile，代码如下：

```
# spring.profiles.active=traditional
spring.profiles.active=master-slave
```

基于 Spring Boot 的配置风格就是一组“键-值”对，我们同样可以使用这种方式来实现读写分离配置，代码如下：

```
spring.shardingsphere.datasource.names=dsmaster,dsslave0,dsslave1

# 配置数据源 dsmaster
spring.shardingsphere.datasource.dsmaster.type=com.alibaba.druid.pool.DruidDataSource
spring.shardingsphere.datasource.dsmaster.driver-class-name=com.mysql.jdbc.Driver
spring.shardingsphere.datasource.dsmaster.url=jdbc:mysql://localhost:3306/dsmaster?serverTimezone=UTC&useSSL=false&useUnicode=true&characterEncoding=UTF-8
spring.shardingsphere.datasource.dsmaster.username=root
spring.shardingsphere.datasource.dsmaster.password=root

# 配置数据源 dsslave0
```

```
spring.shardingsphere.datasource.dsslave0.type=com.alibaba.druid.po
ol.DruidDataSource
spring.shardingsphere.datasource.dsslave0.driver-class-
name=com.mysql.jdbc.Driver
spring.shardingsphere.datasource.dsslave0.url=jdbc:mysql://localhos
t:3306/dsslave0?serverTimezone=UTC&useSSL=false&useUnicode=true&charact
erEncoding=UTF-8
spring.shardingsphere.datasource.dsslave0.username=root
spring.shardingsphere.datasource.dsslave0.password=root

# 配置数据源 dsslave1
spring.shardingsphere.datasource.dsslave1.type=com.alibaba.druid.po
ol.DruidDataSource
spring.shardingsphere.datasource.dsslave1.driver-class-
name=com.mysql.jdbc.Driver
spring.shardingsphere.datasource.dsslave1.url=jdbc:mysql://localhos
t:3306/dsslave1?serverTimezone=UTC&useSSL=false&useUnicode=true&charact
erEncoding=UTF-8
spring.shardingsphere.datasource.dsslave1.username=root
spring.shardingsphere.datasource.dsslave1.password=root

# 配置主从策略
spring.shardingsphere.masterslave.load-balance-algorithm-
type=random
spring.shardingsphere.masterslave.name=health_ms
spring.shardingsphere.masterslave.master-data-source-name=dsmaster
spring.shardingsphere.masterslave.slave-data-source-
names=dsslave0,dsslave1
```

通过这些配置方式，开发人员可以基于自己擅长的或开发框架所要求的方式灵活完成各项配置工作。

2.2.4　ShardingSphere 的配置体系

在 2.2.3 节介绍的 4 种配置方式中，尽管在日常开发过程中很少使用，但 Java 代码配置的实现方式属于配置体系的基础，其他 3 种配置方式都是构建在 Java 代码配置体系之上的。我们可以通过各个配置类的调用关系梳理 ShardingSphere 提供的配置体系。因此，为了深入理解配置体系的实现原理，我们还是选择从 ShardingRule-Configuration 类进行讲解。

1. ShardingRuleConfiguration 的配置体系

对于 ShardingSphere，配置体系的作用本质就是初始化 DataSource 等 JDBC 对象。例如，ShardingDataSourceFactory 可以基于传入的数据源 Map、ShardingRuleConfiguration 及 Properties 来创建一个 ShardingDataSource 对象，代码如下：

```
public final class ShardingDataSourceFactory {

    public static DataSource createDataSource(
            final Map<String, DataSource> dataSourceMap, final
ShardingRuleConfiguration shardingRuleConfig, final Properties props)
throws SQLException {
        return new ShardingDataSource(dataSourceMap, new
ShardingRule(shardingRuleConfig, dataSourceMap.keySet()), props);
    }
}
```

在 ShardingSphere 中，所有规则配置类都实现了一个顶层接口 RuleConfiguration。RuleConfiguration 是一个空接口，ShardingRuleConfiguration 就是这个空接口的实现类之一，专门用来处理分片引擎的应用场景，代码如下。

```
public final class ShardingRuleConfiguration implements
RuleConfiguration {
    //表分片规则列表
    private Collection<TableRuleConfiguration> tableRuleConfigs =
new LinkedList<>();
    //绑定表规则列表
    private Collection<String> bindingTableGroups = new
LinkedList<>();
    //广播表规则列表
    private Collection<String> broadcastTables = new LinkedList<>();
    //默认数据源
```

```
        private String defaultDataSourceName;
        //默认分库策略
        private ShardingStrategyConfiguration
defaultDatabaseShardingStrategyConfig;
        //默认分表策略
        private ShardingStrategyConfiguration
defaultTableShardingStrategyConfig;
        //默认自增列生成器
        private KeyGeneratorConfiguration defaultKeyGeneratorConfig;
        //
        private Collection<MasterSlaveRuleConfiguration>
masterSlaveRuleConfigs = new LinkedList<>();
        //读写分离规则
        private EncryptRuleConfiguration encryptRuleConfig;
    }
```

可以看到，ShardingRuleConfiguration 包含的是一系列的配置类定义，通过前文的介绍，我们已经知道这些配置类的作用与使用方法。其中，核心的 TableRuleConfiguration 定义也比较简单，代码如下：

```
    public final class TableRuleConfiguration {
        //逻辑表
        private final String logicTable;
        //真实数据节点
        private final String actualDataNodes;
        //分库策略
        private ShardingStrategyConfiguration
databaseShardingStrategyConfig;
        //分表策略
        private ShardingStrategyConfiguration
tableShardingStrategyConfig;
        //自增列生成器
        private KeyGeneratorConfiguration keyGeneratorConfig;

        public TableRuleConfiguration(final String logicTable) {
            this(logicTable, null);
        }
```

```
    public TableRuleConfiguration(final String logicTable, final
String actualDataNodes) {

Preconditions.checkArgument(!Strings.isNullOrEmpty(logicTable),
"LogicTable is required.");
        this.logicTable = logicTable;
        this.actualDataNodes = actualDataNodes;
    }
}
```

因为篇幅有限，我们不再对其他配置类的定义进行详细介绍。事实上，无论采用哪种配置方式，所有的配置项都是在这些核心配置类的基础上进行了封装和转换。基于 Spring 命名空间配置和 Spring Boot 配置的使用方式也比较常见，这两种配置方式的实现原理都依赖于 ShardingSphere 与 Spring 及 Spring Boot 框架的集成方式。而 Yaml 配置是 ShardingSphere 常用的一种使用方式，为此，ShardingSphere 在内部对 Yaml 配置的应用场景有专门的处理。下面详细介绍针对 Yaml 配置的完整实现方案。

2．YamlShardingRuleConfiguration 的配置体系

在 ShardingSphere 源码的 sharding-core-common 代码工程中有一个包结构 org.apache.shardingsphere. core.yaml.config，在这个包结构下包含着所有与 Yaml 配置相关的实现类。

与 RuleConfiguration 一样，ShardingSphere 同样提供了一个空的 YamlConfiguration 接口。这个接口有非常多的实现类，但我们发现其中包含了唯一的一个抽象类 YamlRootRuleConfiguration，显然，这个抽象类是 Yaml 配置体系中的基础类。在 YamlRootRuleConfiguration 抽象类中，包含数据源 Map 和 Properties，代码如下：

```
  public abstract class YamlRootRuleConfiguration implements
YamlConfiguration {

    private Map<String, DataSource> dataSources = new HashMap<>();

    private Properties props = new Properties();
  }
```

这里，我们发现缺少了 ShardingRuleConfiguration 的对应类，其实，这个类被定义在 YamlRootRuleConfiguration 类的子类 YamlRootShardingConfiguration 中，它的类名 YamlShardingRuleConfiguration 就是在 ShardingRuleConfiguration 类上添加了一个 Yaml 前缀，代码如下：

```
public class YamlRootShardingConfiguration extends
YamlRootRuleConfiguration {

    private YamlShardingRuleConfiguration shardingRule;
}
```

然后，我们发现 YamlShardingRuleConfiguration 类中的变量与 ShardingRule-Configuration 类中的变量存在一致的对应关系，这些 Yaml 配置类都位于 org.apache.shardingsphere.core.yaml.config.sharding 包中，代码如下：

```
public class YamlShardingRuleConfiguration implements
YamlConfiguration {

    private Map<String, YamlTableRuleConfiguration> tables = new
LinkedHashMap<>();
    private Collection<String> bindingTables = new ArrayList<>();
    private Collection<String> broadcastTables = new ArrayList<>();
    private String defaultDataSourceName;
    private YamlShardingStrategyConfiguration
defaultDatabaseStrategy;
    private YamlShardingStrategyConfiguration defaultTableStrategy;
    private YamlKeyGeneratorConfiguration defaultKeyGenerator;
    private Map<String, YamlMasterSlaveRuleConfiguration>
masterSlaveRules = new LinkedHashMap<>();
    private YamlEncryptRuleConfiguration encryptRule;
}
```

YamlShardingRuleConfiguration 类是怎么被构建的呢？这就要先定义 YamlSharding-DataSourceFactory 工厂类，这个工厂类实际上是对 ShardingDataSourceFactory 类的进一步封装，代码如下：

```
public final class YamlShardingDataSourceFactory {
```

```
    public static DataSource createDataSource(final File yamlFile)
throws SQLException, IOException {
        YamlRootShardingConfiguration config =
YamlEngine.unmarshal(yamlFile, YamlRootShardingConfiguration.class);
        return ShardingDataSourceFactory.createDataSource
(config.getDataSources(), new ShardingRuleConfigurationYamlSwapper().
swap(config.getShardingRule()), config.getProps());
    }
    …
}
```

可以看到，createDataSource()方法的输入参数是一个 File 对象，然后通过该 File 对象构建 YamlRootShardingConfiguration 对象，再通过 YamlRootShardingConfiguration 对象获取 ShardingRuleConfiguration 对象，并交由 ShardingDataSourceFactory 类完成目标 DataSource 的构建。这里的调用关系有些复杂，我们梳理整个过程得到如图 2-5 所示的类层结构图。

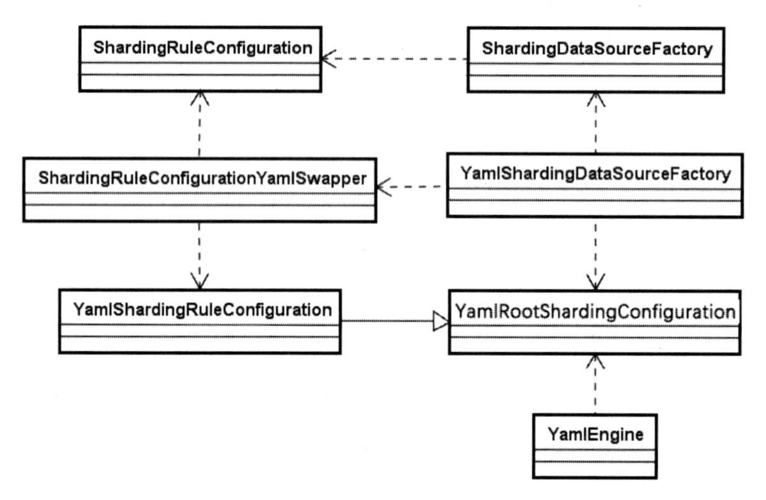

图 2-5　YamlShardingRuleConfiguration 配置体系中的类层结构图

3．YamlEngine 和 YamlSwapper

这里引入了 YamlEngine 和 YamlSwapper 两个新的工具类，我们来看一下它们在整个流程中起到的作用。

YamlEngine 的作用是将各种形式的输入内容转换成一个 Yaml 对象，这些输入内容包括 File、字符串、byte[]等。YamlEngine 包含了一些 unmarshal()/marshal()方法来完成数据的转换。以 File 输入为例，使用 unmarshal()方法通过加载 FileInputStream 完成 Yaml 对象的构建，代码如下：

```
public static <T extends YamlConfiguration> T unmarshal(final File
yamlFile, final Class<T> classType) throws IOException {
    try (
        FileInputStream fileInputStream = new
FileInputStream(yamlFile);
        InputStreamReader inputStreamReader = new
InputStreamReader(fileInputStream, "UTF-8")
    ) {
        return new Yaml(new
Constructor(classType)).loadAs(inputStreamReader, classType);
    }
}
```

当在 unmarshal()方法中传入想要的 classType 时，我们就可以获取 classType 对应的实例。在 YamlShardingDataSourceFactory 中传入 YamlRootShardingConfiguration 类，这样将得到一个 YamlRootShardingConfiguration 类实例 YamlShardingRuleConfiguration。

得到 YamlShardingRuleConfiguration 之后，下一步需要将 YamlShardingRule-Configuration 转换为 ShardingRuleConfiguration。为了完成这种对应关系的转换，Sharding-Sphere 还专门提供了一些转换器类，如 ShardingRuleConfigurationYamlSwapper 等。ShardingRuleConfigurationYamlSwapper 实现了 YamlSwapper 接口，代码如下：

```
public interface YamlSwapper<Y extends YamlConfiguration, T> {
    Y swap(T data);
    T swap(Y yamlConfiguration);
}
```

可以看到，这里提供了一对方法完成两种数据结构之间的相互转换，Sharding-RuleConfigurationYamlSwapper 对这两个方法的实现过程也比较直接。以目标对象为 ShardingRuleConfiguration 的 swap()方法为例进行介绍，代码如下：

```
@Override
```

```
    public ShardingRuleConfiguration swap(final
YamlShardingRuleConfiguration yamlConfiguration) {
        ShardingRuleConfiguration result = new
ShardingRuleConfiguration();
        for (Entry<String, YamlTableRuleConfiguration> entry :
yamlConfiguration.getTables().entrySet()) {
            YamlTableRuleConfiguration tableRuleConfig =
entry.getValue();
            tableRuleConfig.setLogicTable(entry.getKey());
            result.getTableRuleConfigs().add
(tableRuleConfigurationYamlSwapper.swap(tableRuleConfig));
        }
        result.setDefaultDataSourceName
(yamlConfiguration.getDefaultDataSourceName());
        result.getBindingTableGroups().addAll
(yamlConfiguration.getBindingTables());
        result.getBroadcastTables().addAll
(yamlConfiguration.getBroadcastTables());

        if (null != yamlConfiguration.getDefaultDatabaseStrategy()) {
            result.setDefaultDatabaseShardingStrategyConfig
(shardingStrategyConfigurationYamlSwapper.swap(yamlConfiguration.getD
efaultDatabaseStrategy()));
        }

        if (null != yamlConfiguration.getDefaultTableStrategy()) {
            result.setDefaultTableShardingStrategyConfig
(shardingStrategyConfigurationYamlSwapper.swap(yamlConfiguration.getDef
aultTableStrategy()));
        }

        if (null != yamlConfiguration.getDefaultKeyGenerator()) {
            result.setDefaultKeyGeneratorConfig
(keyGeneratorConfigurationYamlSwapper.swap(yamlConfiguration.getDefault
KeyGenerator()));
        }
```

```
        Collection<MasterSlaveRuleConfiguration> masterSlaveRuleConfigs
= new LinkedList<>();
        for (Entry<String, YamlMasterSlaveRuleConfiguration> entry :
yamlConfiguration.getMasterSlaveRules().entrySet()) {
            YamlMasterSlaveRuleConfiguration each = entry.getValue();
            each.setName(entry.getKey());
            masterSlaveRuleConfigs.add
(masterSlaveRuleConfigurationYamlSwapper.swap(entry.getValue()));
        }
        result.setMasterSlaveRuleConfigs(masterSlaveRuleConfigs);

        if (null != yamlConfiguration.getEncryptRule()) {
            result.setEncryptRuleConfig
(encryptRuleConfigurationYamlSwapper.swap(yamlConfiguration.getEncryptR
ule()));
        }
        return result;
    }
```

这段代码的功能就是完成 YamlShardingRuleConfiguration 与 ShardingRuleConfiguration 对应字段的转换。

这样，我们就从外部的 yaml 配置文件中获取了一个 ShardingRuleConfiguration 对象，然后可以使用 ShardingDataSourceFactory 工厂类完成 DataSource 的构建过程。

2.3　本章小结

作为一款优秀的开源框架，ShardingSphere 提供了多方面的集成方式，供广大开发人员在业务系统中使用它来完成分库分表操作。在本章中，我们先梳理了作为一个开源框架所应该具备的应用方式，并分析了这些应用方式在 ShardingSphere 中的具体实现机制。可以看到，从 JDBC 规范，到 Spring、Spring Boot 等开发框架，再到 JPA、MyBatis 等主流 ORM 框架，ShardingSphere 都提供了完善的集成方案。

同时，我们也看到了使用 ShardingSphere 的主要方式事实上就是基于它所提供的配置体系来完成各种配置项的创建和设置。可以说，配置工作是使用 ShardingSphere 进行开发的前提。在本章中，我们首先对 ShardingSphere 的核心配置项进行了梳理，然后给出了具体的 4 种配置方式，分别是 Java 代码配置、Yaml 配置、Spring 命名空间配置及 Spring Boot 配置。最后，从实现原理上，我们也对 Yaml 配置这一特定的配置方式进行了深入的剖析。

第3章

ShardingSphere 整体架构

我们知道 ShardingSphere 是一种典型的客户端分片解决方案，而客户端分片的实现方式之一就是重写 JDBC 规范。ShardingSphere 对外暴露的一套分片操作接口与 JDBC 规范中所提供的接口完全一致。如何实现 ShardingSphere 与 JDBC 规范的兼容性？这是本章要回答的第一个问题。

在架构设计上，ShardingSphere 使用了微内核架构来实现框架的扩展性。那么，什么是微内核架构？这是本章要回答的第二个问题，我们将介绍微内核架构模式的基本原理及在 ShardingSphere 中的应用。

本章想要回答的第三个问题是 ShardingSphere 如何与 Spring 框架完成无缝集成？正如第 2 章的讲解，我们可以通过 Spring 和 Spring Boot 来灵活使用 ShardingSphere。无论开发人员采用哪种 Spring 框架，对使用 ShardingSphere 来说学习成本都是零。

以上 3 个问题及其答案构成了我们对 ShardingSphere 整体架构的阐述内容。

3.1 ShardingSphere 与 JDBC 规范

ShardingSphere 与 JDBC 规范之间的兼容性关系非常重要，可以说，理解 JDBC 规范，以及 ShardingSphere 对 JDBC 规范的重写方式，是正确使用 ShardingSphere 实现数据分片的前提。本节将深入讨论 JDBC 规范与 ShardingSphere 之间的关系。

3.1.1 JDBC 规范的核心组件

ShardingSphere 提供了与 JDBC 规范完全兼容的实现过程，在对这一过程进行详细讲解之前，先来回顾一下 JDBC 规范。JDBC 是 Java Database Connectivity 的全称，它的设计初衷是提供一套用于各种数据库的统一标准。而不同的数据库厂家共同遵守这套标准，并提供各自的实现方案供应用程序调用。作为统一标准，JDBC 规范具有完整的架构体系，如图 3-1 所示。

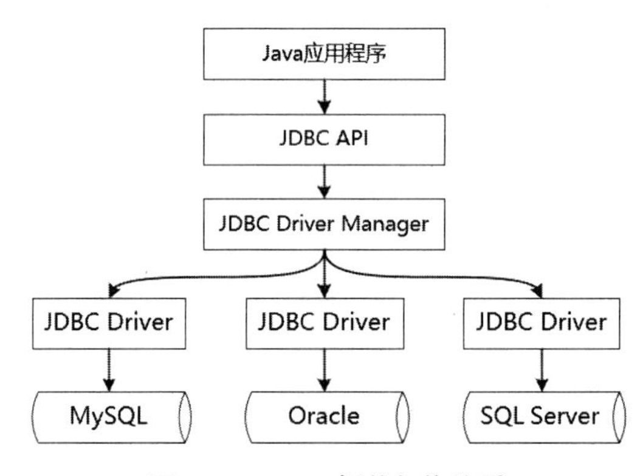

图 3-1　JDBC 规范架构体系

JDBC 规范架构体系中的 Driver Manager 负责加载各种不同的驱动程序（Driver），并根据不同的请求，向调用者返回相应的数据库连接对象（Connection）。而应用程序通过调用 JDBC API 实现对数据库的操作。对开发人员来说，JDBC API 是访问数据库的主要途径，也是 ShardingSphere 重写 JDBC 规范并添加分片功能的入口。如果我们使用 JDBC 规范开发一个访问数据库的处理流程，则代码如下：

```
// 创建池化的数据源
PooledDataSource dataSource = new PooledDataSource ();
// 设置 MySQL Driver
dataSource.setDriver ("com.mysql.jdbc.Driver");
// 设置数据库 URL、用户名和密码
dataSource.setUrl ("jdbc:mysql://localhost:3306/test");
dataSource.setUsername ("root");
dataSource.setPassword ("root");
// 获取连接对象
```

```
    Connection connection = dataSource.getConnection();
    // 执行查询
    PreparedStatement statement = connection.prepareStatement ("select
* from user");
    // 获取查询结果
    ResultSet resultSet = statement.executeQuery();
    while (resultSet.next()) {
        …
    }
    // 关闭资源
    statement.close();
    resultSet.close();
    connection.close();
```

这段代码包含了 JDBC API 中的核心接口，使用这些核心接口是我们基于 JDBC 规范进行数据库访问的基本方式，下面对这些接口的作用和使用方法进行详细讲解。

1. DataSource

DataSource 在 JDBC 规范中代表的是一种数据源，核心作用就是获取数据库连接对象 Connection。在 JDBC 规范中，实际上可以直接通过 Driver Manager 获取 Connection。我们知道获取 Connection 的过程需要与数据库之间建立连接，而这个过程会占用较多的系统内存。为了提高性能，通常会建立一个中间层，这个中间层将 Driver Manager 生成的 Connection 存储在连接池中，然后从连接池中获取 Connection，我们可以认为 DataSource 就是这样一个中间层。在日常开发过程中，我们通常都会基于 DataSource 获取 Connection。而在 ShardingSphere 中，暴露给业务开发人员的同样是一个经过增强的 DataSource 对象。DataSource 接口的定义代码如下：

```
public interface DataSource  extends CommonDataSource, Wrapper {

    Connection getConnection() throws SQLException;

    Connection getConnection(String username, String password)
```

```
        throws SQLException;
}
```

可以看到，DataSource 接口提供了两个获取 Connection 的重载方法，并继承了 CommonDataSource 接口。CommonDataSource 是 JDBC 规范中关于数据源定义的根接口，除了 DataSource 接口，它还有 ConnectionPoolDataSource、XADataSource 两个接口，如图 3-2 所示。

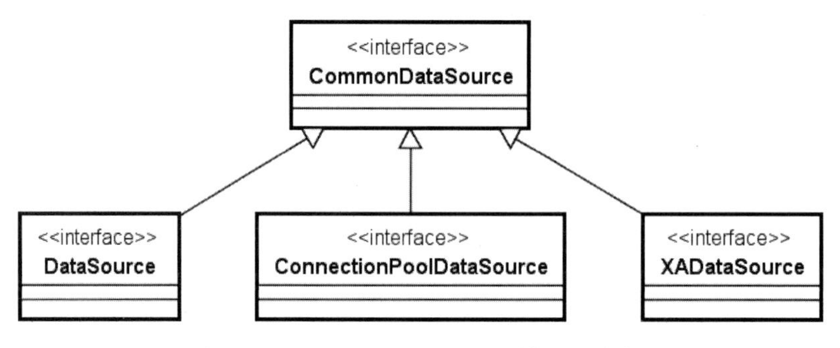

图 3-2 CommonDataSource 接口的结构

其中，DataSource 是官方定义的获取 Connection 的基础接口，ConnectionPoolDataSource 是从连接池 ConnectionPool 中获取 Connection 的接口。而 XADataSource 则用来实现在分布式事务环境下获取 Connection。

需要注意的是，DataSource 接口同时还继承了一个 Wrapper 接口。从接口的命名上来看，我们可以判断该接口应该起到一种包装器的作用。事实上，因为很多数据库供应商提供了超越标准 JDBC API 的扩展功能，所以 Wrapper 接口可以把一个由第三方供应商提供的、非 JDBC 标准的接口包装成标准接口。以 DataSource 接口为例，如果我们想要实现自己的数据源 MyDataSource，则可以提供一个实现了 Wrapper 接口的 MyDataSourceWrapper 类来完成包装和适配，如图 3-3 所示。

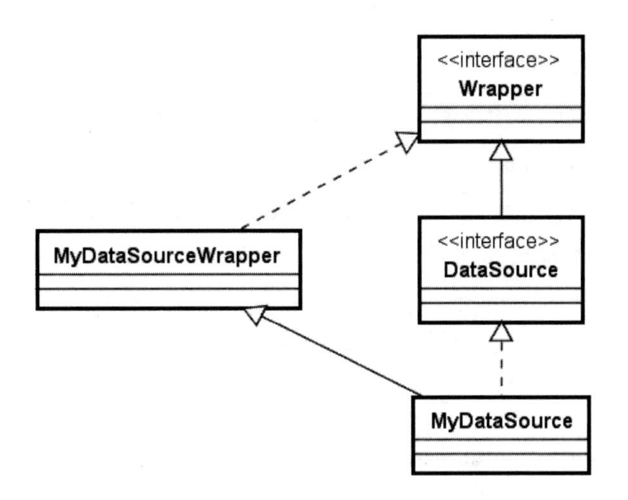

图 3-3　Wrapper 接口的使用方式

在 JDBC 规范中，除了 DataSource 对象，Connection、Statement、ResultSet 等核心对象也都继承了 Wrapper 接口。显然，ShardingSphere 提供的就是非 JDBC 标准的接口，所以也应该会用到 Wrapper 接口，并提供了类似的实现方案。

2．Connection

DataSource 的目的是为了获取 Connection 对象。我们可以把 Connection 理解为一种会话（Session）机制。Connection 表示一个数据库连接，负责完成与数据库之间的通信。所有 SQL 语句的执行都是在某个特定 Connection 环境中进行的，同时它还提供了一组重载方法用于创建 Statement 和 PreparedStatement。另外，Connection 也涉及事务相关的操作。为了实现分片操作，ShardingSphere 同样也实现了定制化的 Connection 类 ShardingConnection。

3．Statement

JDBC 规范中的 Statement 具有两种类型：一种是普通的 Statement，另一种是支持预编译的 PreparedStatement。预编译是指数据库的编译器会对 SQL 语句提前编译，然后将预编译的结果缓存到数据库中，这样下次执行时可以替换参数并直接使用编译过的语句，从而提高 SQL 语句的执行效率。当然，这种预编译也需要成本。所以在日常开发中，当对数据库只执行一次性读写操作时，使用 Statement 进行处理比较合适；而当涉及 SQL 语句的多次执行时，可以使用 PreparedStatement 进行处理。

如果想要查询数据库中的数据，则只需要调用 Statement 对象或 PreparedStatement 对象的 executeQuery()方法即可。该方法以 SQL 语句作为参数，执行完后返回一个 JDBC 的 ResultSet 对象。当然，Statement 对象或 PreparedStatement 对象提供了一大批执行 SQL 语句（更新和查询）的重载方法。在 ShardingSphere 中，同样也提供了 ShardingStatement 和 ShardingPreparedStatement 两个支持分片操作的 Statement 对象。

4. ResultSet

如果使用 Statement 或 PreparedStatement 执行了 SQL 语句并获得了 ResultSet 对象，则可以调用 ResultSet 对象中的 next()方法遍历整个结果集。如果 next()方法的返回值为 true，则表示结果集中存在数据，可以调用 ResultSet 对象的一系列 getXXX()方法来取得对应的结果值。对分库分表操作来说，因为涉及从多个数据库或数据表中获取目标数据，所以需要对获取的结果进行归并。因此，ShardingSphere 也提供了分片环境下的 ShardingResultSet 对象。

图 3-4 所示为基于 JDBC 规范进行数据库访问的开发流程。

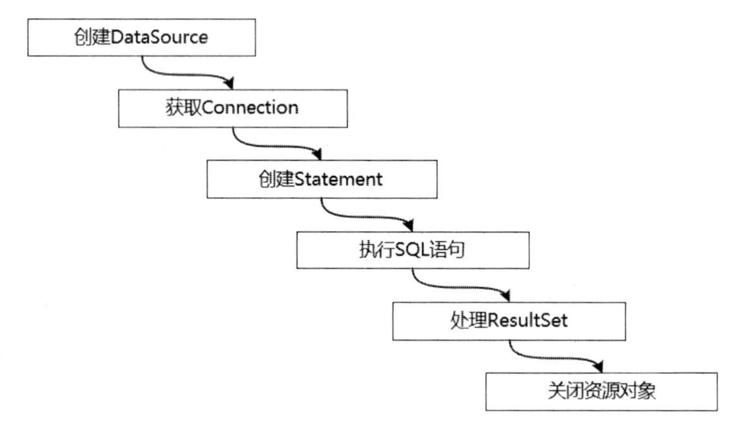

图 3-4 基于 JDBC 规范进行数据库访问的开发流程

3.1.2　ShardingSphere 与 JDBC 规范的兼容性

ShardingSphere 提供了与 JDBC 规范完全兼容的 API。也就是说，开发人员可以基于这个开发流程和 JDBC 中的核心接口完成分片引擎、数据脱敏等操作。

1．基于适配器模式的 JDBC 规范重写实现方案

ShardingSphere 实现与 JDBC 规范兼容性的基本策略就是采用设计模式中的适配器模式（Adapter Pattern）。适配器模式通常被用作连接两个不兼容接口之间的桥梁，可为某一个接口加入独立的或不兼容的功能。

作为一套适配 JDBC 规范的实现方案，ShardingSphere 需要对 JDBC API 中的 DataSource、Connection、Statement 及 ResultSet 等对象都完成重写操作。虽然这些对象承载着不同的功能，但是重写机制应该是共通的，否则就需要对不同的对象都实现定制化开发。显然，这不符合设计原则。为此，ShardingSphere 开发了一套基于适配器模式的实现方案，如图 3-5 所示。

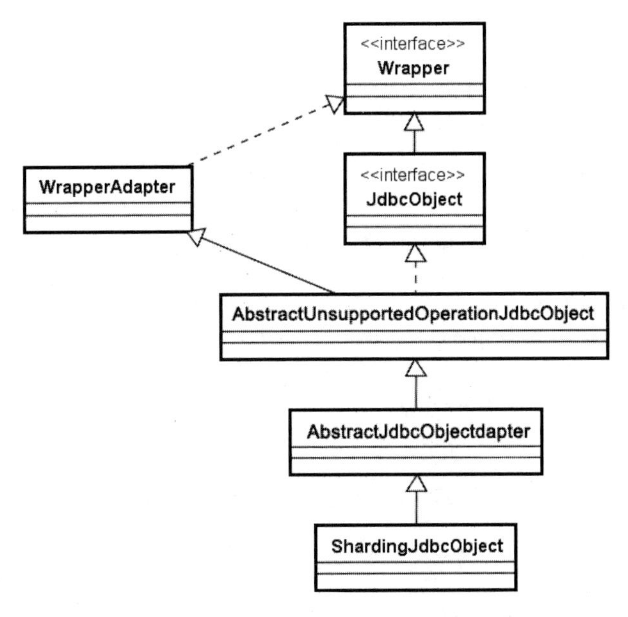

图 3-5　ShardingSphere 开发了一套基于适配器模式的实现方案

通过图 3-5 我们发现，这里有一个 JdbcObject 接口，该接口泛指 JDBC API 中的 DataSource、Connection、Statement 等核心接口，这些接口都继承自包装器 Wrapper 接口。ShardingSphere 为 Wrapper 接口提供了一个实现类 WrapperAdapter。

这里还有一个 ShardingJdbcObject 类，该类也是一种泛指，表示 ShardingSphere 用于分片的 ShardingDataSource、ShardingConnection、ShardingStatement 等对象。

ShardingJdbcObject 继承自一个 AbstractJdbcObjectAdapter，而 AbstractJdbcObject-Adapter 又继承自 AbstractUnsupportedOperationJdbcObject。这两个类都是抽象类，而且也都泛指一组类。两者的区别在于，AbstractJdbcObjectAdapter 只提供了针对 JdbcObject 接口的一部分实现方法，这些方法是完成分片操作所需要的。而对于那些不需要的方法则全部交由 AbstractUnsupportedOperationJdbcObject 进行实现。这两个类的所有方法的合集就是原始 JdbcObject 接口的所有方法定义。

这样，我们大致了解了 ShardingSphere 对 JDBC 规范中核心接口的重写机制。这个重写机制非常重要，在 ShardingSphere 中的应用也很广泛，我们可以通过实例对这一机制进行详细讲解。

2. ShardingSphere 重写 JDBC 规范实例

通过前文我们知道，ShardingSphere 的分片引擎中提供了一系列 ShardingJdbcObject 来支持分片操作，包括 ShardingDataSource、ShardingConnection、ShardingStatement、ShardingPreparedStament 等。这里以最具代表性的 ShardingConnection 为例来讲解它的实现过程。需要注意的是，这里我们关注的还是重写机制，不会对 ShardingConnection 中的具体功能及与其他类之间的交互过程进行详细讲解。

（1）ShardingConnection

ShardingConnection 是对 JDBC 中 Connection 的适配和包装，所以它需要提供 Connection 接口定义的方法，包括 createConnection()、getMetaData()、prepareStatement()、createStatement()、setAutoCommit()、commit()和 rollback()等方法，ShardingConnection 对这些方法都进行了重写。

ShardingConnection 类的一条类层结构支线就是适配器模式的具体应用，这部分内容的类层结构与重写机制的类层结构是完全一致的，如图 3-6 所示。

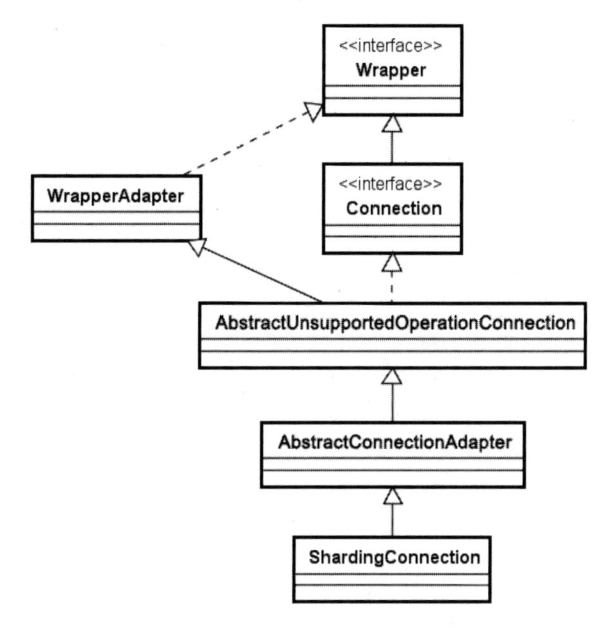

图 3-6　ShardingConnection 类层结构

（2）AbstractConnectionAdapter

我们先来看 AbstractConnectionAdapter 抽象类，ShardingConnection 直接继承了它。我们在 AbstractConnectionAdapter 中发现了一个 cachedConnections 属性，它是一个 Map 对象，该对象其实缓存了经过封装的 ShardingConnection 背后真实的 Connection 对象。如果重复使用 AbstractConnectionAdapter，则这些 cachedConnections 属性也会一直被缓存，直到调用 close()方法。可以从 AbstractConnectionAdapter 的 getConnection()方法中理解具体的操作过程，代码如下：

```
    public final List<Connection> getConnection(final ConnectionMode
connectionMode, final String dataSourceName, final int connectionSize)
throws SQLException {

        //获取 DataSource
        DataSource dataSource = getDataSourceMap().get(dataSourceName);
        Preconditions.checkState(null != dataSource, "Missing the data
source name: '%s'", dataSourceName);
        Collection<Connection> connections;
```

```
        //根据数据源从 cachedConnections 中获取 connections
        synchronized (cachedConnections) {
            connections = cachedConnections.get(dataSourceName);
        }

        //如果 connections 的数量多于想要的 connectionSize，则只获取所需部分
        List<Connection> result;
        if (connections.size() >= connectionSize) {
            result = new ArrayList<>(connections).subList(0,
connectionSize);
        } else if (!connections.isEmpty()){//如果 connections 的数量不充足
            result = new ArrayList<>(connectionSize);
            result.addAll(connections);

            //创建新的 connections
            List<Connection> newConnections =
createConnections(dataSourceName, connectionMode, dataSource,
connectionSize - connections.size());
            result.addAll(newConnections);
            synchronized (cachedConnections) {
                //将新创建的 connections 也存储到缓存中进行管理
                cachedConnections.putAll(dataSourceName,
newConnections);
            }
            //如果缓存中没有对应 DataSource 的 connections，则需要创建新的
connections 并存储到缓存中
        } else {
            result = new ArrayList<>(createConnections(dataSourceName,
connectionMode, dataSource, connectionSize));
            synchronized (cachedConnections) {
               cachedConnections.putAll(dataSourceName, result);
            }
        }
        return result;
    }
```

上面代码的执行流程和逻辑比较简单，参考注释即可。这里需要注意的是 create-

Connections()方法，代码如下：

```
    private List<Connection> createConnections(final String
dataSourceName, final ConnectionMode connectionMode, final DataSource
dataSource, final int connectionSize) throws SQLException {
        if (1 == connectionSize) {
            Connection connection = createConnection(dataSourceName,
dataSource);
            replayMethodsInvocation(connection);
            return Collections.singletonList(connection);
        }
        if (ConnectionMode.CONNECTION_STRICTLY == connectionMode) {
            return createConnections(dataSourceName, dataSource,
connectionSize);
        }
        synchronized (dataSource) {
            return createConnections(dataSourceName, dataSource,
connectionSize);
        }
    }
```

上面的代码涉及 ConnectionMode（连接模式），它是 ShardingSphere 执行引擎中的重要概念。我们看到 createConnections()方法批量调用了一个 createConnection()抽象方法，该方法需要使用 AbstractConnectionAdapter 的子类进行实现，代码如下：

```
    protected abstract Connection createConnection(String
dataSourceName, DataSource dataSource) throws SQLException;
```

如果想要创建的 Connection 对象，则需要执行如下语句：

```
    replayMethodsInvocation(connection);
```

这行代码比较难以理解，让我们来看一看定义它的地方，即 WrapperAdapter 类。

（3）WrapperAdapter

从命名上看，WrapperAdapter 是一个包装器的适配类，实现了 JDBC 中的 Wrapper 接口。我们在该类中找到了 recordMethodInvocation()方法和 replayMethodsInvocation()方法的定义，代码如下：

```
    //记录方法调用
    public final void recordMethodInvocation(final Class<?>
targetClass, final String methodName, final Class<?>[] argumentTypes,
final Object[] arguments) {
        jdbcMethodInvocations.add(new
JdbcMethodInvocation(targetClass.getMethod(methodName, argumentTypes),
arguments));
    }

    //重放方法调用
    public final void replayMethodsInvocation(final Object target) {
        for (JdbcMethodInvocation each : jdbcMethodInvocations) {
            each.invoke(target);
        }
    }
```

这两种方法都用到了 JdbcMethodInvocation 类，代码如下：

```
    public class JdbcMethodInvocation {

        @Getter
        private final Method method;

        @Getter
        private final Object[] arguments;

        public void invoke(final Object target) {
            method.invoke(target, arguments);
        }
    }
```

显然，JdbcMethodInvocation 类用到了反射技术，并根据传入的 method 和 arguments 对象执行对应的方法。

在了解了 JdbcMethodInvocation 类的原理之后，我们就不难理解 recordMethodInvocation()方法和 replayMethodsInvocation()方法的作用。其中，recordMethodInvocation()用于记录需要执行的方法和参数，而 replayMethodsInvocation()则根据这些方法和参数通过反射技术进行执行。

在执行 replayMethodsInvocation()方法时，我们必须先找到 recordMethodInvocation()方法的调用入口。通过分析代码，我们看到在 AbstractConnectionAdapter 中使用 setAutoCommit()、setReadOnly()和 setTransactionIsolation()这 3 种方法对其进行了调用。这里以 setReadOnly()方法为例给出它的实现，代码如下：

```
    @Override
    public final void setReadOnly(final boolean readOnly) throws
SQLException {
        this.readOnly = readOnly;

        //调用 recordMethodInvocation()方法记录方法调用的元数据
        recordMethodInvocation(Connection.class, "setReadOnly", new
Class[]{boolean.class}, new Object[]{readOnly});

        //执行回调
        forceExecuteTemplate.execute(cachedConnections.values(), new
ForceExecuteCallback<Connection>() {

            @Override
            public void execute(final Connection connection) throws
SQLException {
                connection.setReadOnly(readOnly);
            }
        });
    }
```

（4）AbstractUnsupportedOperationConnection

从类层关系上，我们看到 AbstractConnectionAdapter 直接继承的是 AbstractUnsupportedOperationConnection 而不是 WrapperAdapter，而在 AbstractUnsupportedOperationConnection 中都是一些直接抛出异常的方法，截取的部分代码如下：

```
    public abstract class AbstractUnsupportedOperationConnection
extends WrapperAdapter implements Connection {

        @Override
```

```
    public final CallableStatement prepareCall(final String sql)
throws SQLException {
        throw new SQLFeatureNotSupportedException("prepareCall");
    }

    @Override
    public final CallableStatement prepareCall(final String sql,
final int resultSetType, final int resultSetConcurrency) throws
SQLException {
        throw new SQLFeatureNotSupportedException("prepareCall");
    }
    …
}
```

AbstractUnsupportedOperationConnection 这种处理方式，用来明确哪些操作是 AbstractConnectionAdapter 及其子类 ShardingConnection 所不能支持的，属于职责分离的一种具体实现方法。

3.2 ShardingSphere 与微内核架构模式

前文已经提到 ShardingSphere 使用了微内核架构来实现框架的扩展性。微内核是一种典型的架构模式，区别于普通的设计模式，架构模式是一种高层模式，用于描述系统级的结构组成、相互关系及相关约束。本节针对微内核架构模式进行详细的讨论。

3.2.1 微内核架构模式设计原理与实现

微内核架构在开源框架中的应用比较广泛，除了 ShardingSphere，主流的 PRC 框架 Dubbo 也实现了自己的微内核架构。在介绍什么是微内核架构模式之前，我们有必须要先阐述微内核架构模式的设计原理。

1．微内核架构模式的设计原理

本质上，微内核架构是为了提高系统的扩展性。所谓扩展性是指系统在经历不可避免的变更时所具有的一种灵活性，以及针对提供这样的灵活性所需要付出的成本之间的一种平衡能力。也就是说，当在系统中添加新业务时，不需要改变原有的各个组件，而只需把新业务封闭在一个新的组件中就能完成整体业务的升级，我们认为这样的系统具有较好的可扩展性。

对架构设计来说，扩展性是软件设计的永恒话题。对实现系统扩展性来说，一种思路是提供可插拔式的机制来应对所发生的变化。当系统中现有的某一个组件不满足要求时，我们可以使用一个新的组件来替换它，而整个过程对系统的运行来说应该是无感知的，我们也可以根据需要随时完成新旧组件的替换。例如，ShardingSphere 提供了分布式主键功能，而分布式主键的实现方法可能有很多种。扩展性在这一点上的体现就是，我们可以使用任意一种新的分布式主键实现方法来替换原有的实现方法，而不需要依赖分布式主键的业务代码进行任何的改变，如图 3-7 所示。

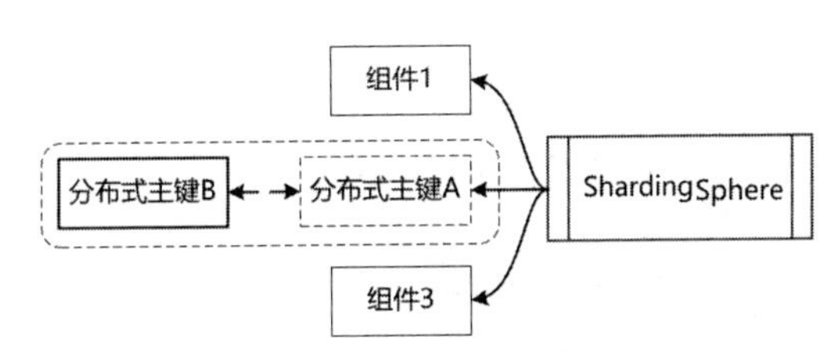

图 3-7　使用微内核架构模式扩展分布式主键实现方法示意图

微内核架构模式为这种实现扩展性的思路提供了架构设计上的支持，ShardingSphere 基于微内核架构实现了高度的扩展性。从组成结构上讲，微内核架构包含两部分组件，即内核系统和插件。这里的内核系统通常提供系统运行所需的最小功能集，而插件是独立的组件，包含自定义的各种业务代码，用来向内核系统增强或扩展额外的业务能力。在 ShardingSphere 中，像前文提到的分布式主键就是插件，而 ShardingSphere 的运行环境构成了内核系统，如图 3-8 所示。

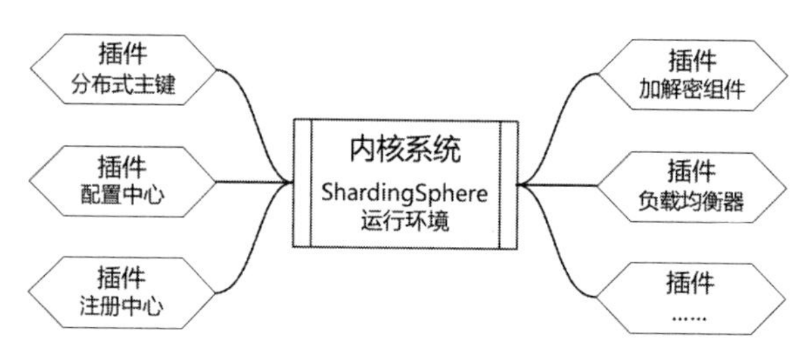

图 3-8 微内核架构结构图

那么这里的插件具体指的是什么呢？这就需要我们明确两个概念：一个概念是 API（Application Programming Interface，应用程序接口），它是内核系统对外暴露的接口。另一个概念是 SPI（Service Provider Interface，服务提供接口），它是插件自身所具备的扩展点。就两者的关系来说，API 面向业务开发人员，而 SPI 面向框架开发人员，两者共同构成了 ShardingSphere 本身，如图 3-9 所示。

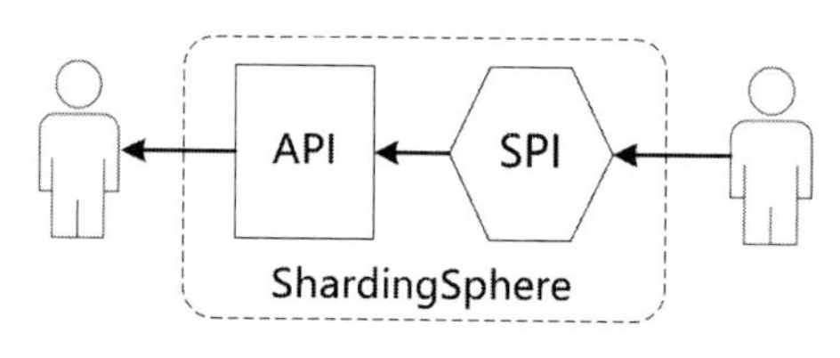

图 3-9 SPI 和 API 交互图

可插拔式的实现机制说起来简单，做起来却不容易，我们需要考虑两方面的内容：一方面，我们需要梳理内核系统的变化并把它们抽象成一个个 SPI 扩展点。另一方面，当我们实现了这些 SPI 扩展点之后，就需要构建一个能够支持这种可插拔机制的具体实现，从而提供一种 SPI 运行环境。

2. 微内核架构模式的实现方式

事实上，JDK 已经为我们提供了微内核架构模式的一种实现方式，这种实现方式针对如何设计和实现 SPI 提出了一些开发和配置上的规范，ShardingSphere 使用的就是这种规范。首先，我们需要设计一个服务接口，并根据需要提供不同的实现类。这里，让我们来模拟实现分布式主键的应用场景。基于 SPI 的约定，我们将创建一个单独的代码工程来存储服务接口，并给出其定义，这个服务接口的完整类路径为 com.microkernel.KeyGenerator，该服务接口只包含一个获取目标主键的简单实例方法，代码如下：

```
package com. microkernel;

public interface KeyGenerator{

        String getKey();
}
```

然后针对该服务接口，提供两个简单的实现类，分别是基于 UUID 的 UUIDKeyGenerator 类和基于雪花算法的 SnowflakeKeyGenerator 类，代码如下。

```
public class UUIDKeyGenerator implements KeyGenerator {

    @Override
    public String getKey() {

        return "UUIDKey";
    }
}

public class SnowflakeKeyGenerator implements KeyGenerator {

    @Override
    public String getKey() {

        return "SnowflakeKey";
    }
}
```

上面的代码直接返回一个模拟结果。

接下来的步骤很关键，在代码工程的 META-INF/services/目录下创建一个以服务接口完整类路径 com.microkernel.KeyGenerator 命名的文件，文件的内容就是指向该接口所对应的两个实现类的完整类路径 com.microkernel.UUIDKeyGenerator 和 com.microkernel.SnowflakeKeyGenerator。

我们把这个代码工程打包成一个 JAR 包，然后创建另一个代码工程，该代码工程需要 JAR 包，并负责创建 main()函数，代码如下：

```
import java.util.ServiceLoader;
import com. microkernel. KeyGenerator;

public class Main {
    public static void main(String[] args) {

        ServiceLoader<KeyGenerator> generators =
ServiceLoader.load(KeyGenerator.class);

        for (KeyGenerator generator : generators) {
            System.out.println(generator.getClass());
            String key = generator.getKey();
            System.out.println(key);
        }
    }
}
```

现在，该代码工程的角色是 SPI 的使用者，这里使用了 JDK 提供的 ServiceLoader 工具类来获取所有 KeyGenerator 的实现类。在 JAR 包的 META-INF/services/com.microkernel.KeyGenerator 文件中有两个 KeyGenerator 实现类的定义。执行 main()函数，输出结果为：

```
class com. microkernel.UUIDKeyGenerator
UUIDKey
class com. microkernel.SnowflakeKeyGenerator
SnowflakeKey
```

如果我们想调整 META-INF/services/com.microkernel.KeyGenerator 文件中的内容，则需要删除 com.microkernel.UUIDKeyGenerator 的定义，并重新打包成 JAR 包供 SPI 的使用者引用。再次执行 main()函数，只会得到基于 SnowflakeKeyGenerator 的输出结果。

至此，SPI 提供者和使用者的实现过程演示完毕。我们通过一张图（见图 3-10）总结基于 JDK 的 SPI 机制实现微内核架构模式的开发流程。

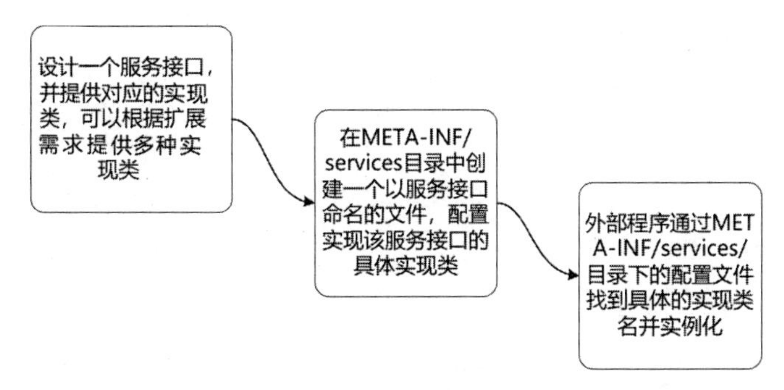

图 3-10 基于 JDK 的 SPI 机制实现微内核架构模式的开发流程

这个实例非常简单，却是 ShardingSphere 实现微内核架构模式的基础。接下来，就让我们把话题转换到 ShardingSphere，看一看 ShardingSphere 应用 SPI 机制的具体方法。

3.2.2 ShardingSphere 基于微内核架构模式实现扩展性

ShardingSphere 微内核架构模式的实现过程并不复杂，基本就是对 JDK 中 SPI 机制的封装。

1. ShardingSphere 中的微内核架构模式基础实现机制

我们发现，在 ShardingSphere 源码的根目录下，存在一个独立的代码工程 shardingsphere-spi。从命名上来看，这个代码工程应该包含了 ShardingSphere 实现 SPI 的相关代码。快速浏览该代码工程，发现里面只有一个接口定义和两个工具类。先来看一下接口定义 TypeBasedSPI，代码如下：

```
public interface TypeBasedSPI {

    //获取 SPI 对应的类型
    String getType();

    //获取属性
    Properties getProperties();
```

```
    //设置属性
    void setProperties(Properties properties);
}
```

从定义上来说，TypeBasedSPI 接口在 ShardingSphere 中应该是一个顶层接口。再来看一下 NewInstanceServiceLoader 类，从命名上来说，NewInstanceServiceLoader 类的作用是加载新的目标对象实例，代码如下：

```
public final class NewInstanceServiceLoader {

    private static final Map<Class, Collection<Class<?>>>
SERVICE_MAP = new HashMap<>();

    //通过 ServiceLoader 获取新的 SPI 服务实例并注册到 SERVICE_MAP 中
    public static <T> void register(final Class<T> service) {
        for (T each : ServiceLoader.load(service)) {
            registerServiceClass(service, each);
        }
    }

    @SuppressWarnings("unchecked")
    private static <T> void registerServiceClass(final Class<T>
service, final T instance) {
        Collection<Class<?>> serviceClasses =
SERVICE_MAP.get(service);
        if (null == serviceClasses) {
            serviceClasses = new LinkedHashSet<>();
        }
        serviceClasses.add(instance.getClass());
        SERVICE_MAP.put(service, serviceClasses);
    }

    @SneakyThrows
    @SuppressWarnings("unchecked")
    public static <T> Collection<T> newServiceInstances(final
Class<T> service) {
        Collection<T> result = new LinkedList<>();
        if (null == SERVICE_MAP.get(service)) {
```

```
            return result;
        }
        for (Class<?> each : SERVICE_MAP.get(service)) {
            result.add((T) each.newInstance());
        }
        return result;
    }
}
```

这里的 ServiceLoader.load(service)方法，是 JDK 中 ServiceLoader 工具类的具体应用。需要注意的是，ShardingSphere 使用了一个 HashMap 来保存类的定义及类实例之间的一对多关系，可以认为这是一种用于提高访问效率的缓存机制。

下面来看一下 TypeBasedSPIServiceLoader 类的实现，该类依赖于 NewInstanceServiceLoader 类。这里基于 NewInstanceServiceLoader 获取实例类列表，并根据传入的类型进行过滤，代码如下：

```
//使用 NewInstanceServiceLoader 获取实例类列表，并根据传入的类型进行过滤
private Collection<T> loadTypeBasedServices(final String type) {
    return Collections2.filter(NewInstanceServiceLoader.
newServiceInstances(classType), new Predicate<T>() {

        @Override
        public boolean apply(final T input) {
            return type.equalsIgnoreCase(input.getType());
        }
    });
}
```

TypeBasedSPIServiceLoader 对外暴露了服务的接口，对通过 loadTypeBasedServices()方法获取的服务实例设置对应的属性再返回其值，代码如下：

```
//基于类型通过 SPI 创建实例
public final T newService(final String type, final Properties
props)
{
    Collection<T> typeBasedServices = loadTypeBasedServices(type);
    if (typeBasedServices.isEmpty()) {
```

```
            throw new RuntimeException(String.format("Invalid '%s' SPI
type '%s'.", classType.getName(), type));
        }
        T result = typeBasedServices.iterator().next();
        result.setProperties(props);
        return result;
    }
```

同时，TypeBasedSPIServiceLoader 也对外暴露了不需要传入类型的 newService()方法，该方法使用 loadFirstTypeBasedService()方法来获取第一个服务实例，代码如下：

```
    //基于默认类型通过 SPI 创建实例
    public final T newService() {
        T result = loadFirstTypeBasedService();
        result.setProperties(new Properties());
        return result;
    }

    private T loadFirstTypeBasedService() {
        Collection<T> instances =
NewInstanceServiceLoader.newServiceInstances(classType);
        if (instances.isEmpty()) {
            throw new RuntimeException(String.format("Invalid `%s` SPI,
no implementation class load from SPI.", classType.getName()));
        }
        return instances.iterator().next();
    }
```

至此，关于 shardingsphere-spi 代码工程中的内容就介绍完了。这部分内容相当于 ShardingSphere 所提供的插件运行环境。下面基于 ShardingSphere 提供的几个典型应用场景来讨论该运行环境的具体使用方法。

2. 微内核架构模式在 ShardingSphere 中的应用实例

这里列举微内核架构模式在 ShardingSphere 中的两个典型应用场景：一个是 SQL 解析器 SQLParser；另一个是配置中心 ConfigCenter。

（1）SQL 解析器 SQLParser

SQLParser 类用于完成将具体某一条 SQL 语句解析成一个抽象语法树的整个过程。而 SQLParser 的生成由 SQLParserFactory 负责，代码如下：

```
public final class SQLParserFactory {

    public static SQLParser newInstance(final String
databaseTypeName, final String sql) {
        //通过 SPI 机制加载所有扩展
        for (SQLParserEntry each : NewInstanceServiceLoader.
newServiceInstances(SQLParserEntry.class)) {
            …
        }
}
```

可以看到，这里并没有使用 TypeBasedSPIServiceLoader 加载实例，而是直接使用 NewInstanceServiceLoader 加载实例。

这里引入的 SQLParserEntry 接口就位于 shardingsphere-sql-parser-spi 代码工程的 org. apache.shardingsphere.sql.parser.spi 包中。显然，从包的命名上来看，SQLParserEntry 接口是一个 SPI 接口。SQLParserEntry 接口包含一些实现类，分别对应各个具体的数据库，包括 MySQLParserEntry、OracleParserEntry、PostgreSQLParserEntry 及 SQLServerParserEntry 等。

我们先来看一下针对 MySQL 的代码工程 shardingsphere-sql-parser-mysql，在 META-INF/services 目录下找到了一个 org.apache.shardingsphere.sql.parser.spi.SQLParserEntry 文件，如图 3-11 所示。可以看到，这里指向了 org.apache.shardingsphere.sql.parser.MySQLParserEntry 类。

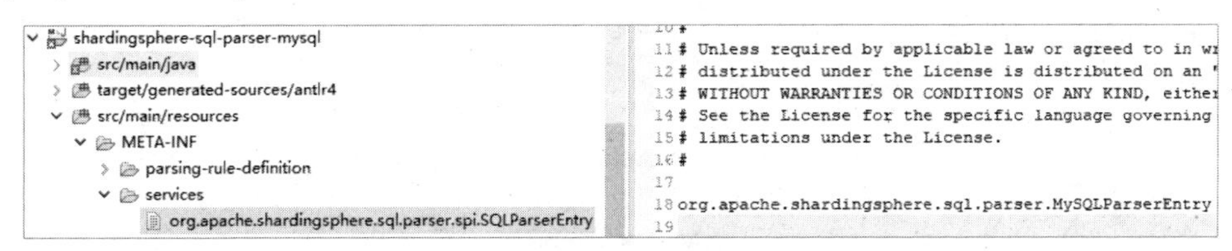

图 3-11　MySQL 代码工程中的 SPI 配置

然后我们来看一下针对 Oracle 的代码工程 shardingsphere-sql-parser-oracle，在 META-INF/services 目录下同样找到一个 org.apache.shardingsphere.sql.parser.spi.SQLParserEntry 文

件，如图 3-12 所示。

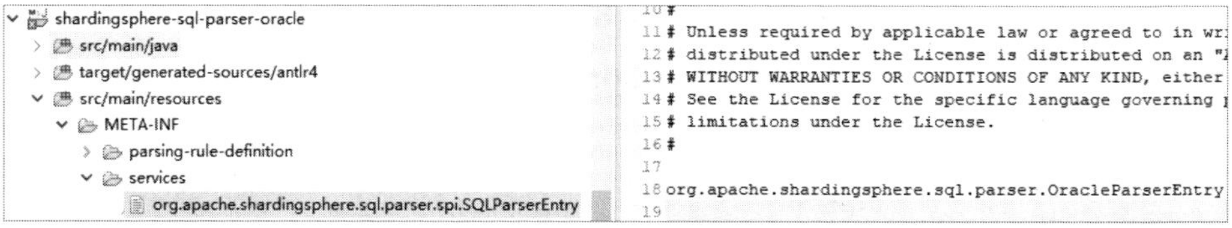

```
shardingsphere-sql-parser-oracle
  src/main/java
  target/generated-sources/antlr4
  src/main/resources
    META-INF
      parsing-rule-definition
      services
        org.apache.shardingsphere.sql.parser.spi.SQLParserEntry

11 # Unless required by applicable law or agreed to in wr
12 # distributed under the License is distributed on an "
13 # WITHOUT WARRANTIES OR CONDITIONS OF ANY KIND, either
14 # See the License for the specific language governing
15 # limitations under the License.
16 #
17
18 org.apache.shardingsphere.sql.parser.OracleParserEntry
19
```

图 3-12　Oracle 代码工程中的 SPI 配置

显然，这里应该指向 org.apache.shardingsphere.sql.parser.OracleParserEntry 类。通过这种方式，系统在运行时就会根据类路径动态加载 SPI。

我们注意到，在 SQLParserEntry 接口的类层结构中实际上并没有使用 TypeBasedSPI 接口，而是完全采用基于 JDK 原生的 SPI 机制。

（2）配置中心 ConfigCenter

我们来看一个使用 TypeBasedSPI 的实例，代表配置中心的 ConfigCenter，代码如下：

```
public interface ConfigCenter extends TypeBasedSPI
```

显然，ConfigCenter 接口继承了 TypeBasedSPI 接口，而在 ShardingSphere 中也有两个 ConfigCenter 接口的实现类，一个是 ApolloConfigCenter，另一个是 Curator-ZookeeperConfigCenter。

我们在 sharding-orchestration-core 代码工程的 org.apache.shardingsphere.orchestration.internal.configcenter 文件中找到了 ConfigCenterServiceLoader 类，该类扩展了 TypeBasedSPIServiceLoader 类，代码如下：

```
public final class ConfigCenterServiceLoader extends
TypeBasedSPIServiceLoader<ConfigCenter> {

    static {
        NewInstanceServiceLoader.register(ConfigCenter.class);
    }

    public ConfigCenterServiceLoader() {
        super(ConfigCenter.class);
```

```
    }

    //基于 SPI 加载 ConfigCenter
    public ConfigCenter load(final ConfigCenterConfiguration
configCenterConfig) {
        Preconditions.checkNotNull(configCenterConfig, "Config center
configuration cannot be null.");
        ConfigCenter result =
newService(configCenterConfig.getType(),
configCenterConfig.getProperties());
        result.init(configCenterConfig);
        return result;
    }
}
```

首先，在 ConfigCenterServiceLoader 类中，通过 NewInstanceServiceLoader. register (ConfigCenter.class)语句，将所有 ConfigCenter 注册到系统中，在这一步中会通过 JDK 的 ServiceLoader 工具类加载类路径中的所有 ConfigCenter 实例。

然后，我们可以看到在上面的 load()方法中，通过父类 TypeBasedSPIServiceLoader 的 newService()方法基于类型创建了 SPI 实例。

以 ApolloConfigCenter 为例，我们来看一下它的使用方法。不难想象，在 sharding-orchestration-config-apollo 代码工程的 META-INF/services 目录下应该有一个名为 org.apache.shardingsphere.orchestration.config.api.ConfigCenter 的配置文件，指向 ApolloConfigCenter 类，如图 3-13 所示。

```
sharding-orchestration-config-apollo          13 # WITHOUT WARRANTIES OR CONDITIONS OF ANY KIND, either express or implie
  src/main/java                                14 # See the License for the specific language governing permissions and
  src/main/resources                           15 # limitations under the License.
    META-INF                                   16 #
      services                                 17
        org.apache.shardingsphere.orchestration.config.api.ConfigCenter   18 org.apache.shardingsphere.orchestration.config.apollo.ApolloConfigCenter
                                               19
```

图 3-13　Apollo 代码工程中的 SPI 配置

其他的 ConfigCenter 实现也是一样的，大家可以自行查阅 sharding-orchestration-config-zookeeper-curator 等代码工程中的 SPI 配置文件。

至此，我们对 ShardingSphere 中的微内核架构模式有了一个全面的了解，可以基于 ShardingSphere 所提供的各种 SPI 扩展点来完成满足自身需求的具体实现。

3.3 ShardingSphere 与 Spring 框架

本节主要讲解 ShardingSphere 与 Spring 框架之间的集成过程。到目前为止，ShardingSphere 实现了两种系统集成机制：一种是命名空间（namespace）机制，即通过扩展 Spring Schema 来实现与 Spring 框架的集成；另一种是通过编写自定义的 starter 组件来完成与 Spring Boot 的集成。

3.3.1 基于命名空间集成 Spring 框架

从扩展性的角度来讲，基于 XML Schema 的扩展机制也是一种常见和实用的方法。在 Spring 框架中，允许自己定义 XML 结构，并且可以用 Bean 解析器进行解析。通过对 Spring Schema 扩展，ShardingSphere 可以完成与 Spring 框架的有效集成。

1. 基于命名空间集成 Spring 框架的通用开发流程

基于命名空间集成 Spring 框架的通用开发流程如图 3-14 所示。

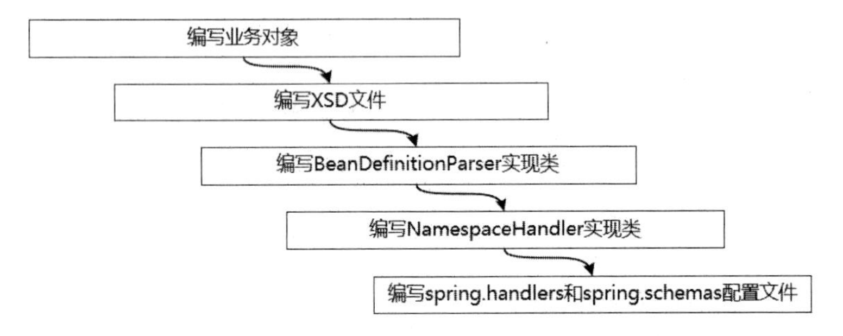

图 3-14 基于命名空间集成 Spring 框架的通用开发流程

具体步骤包括编写业务对象、编写 XSD 文件、编写 BeanDefinitionParser 实现类、编写 NamespaceHandler 实现类及编写 spring.handlers 和 spring.schemas 配置文件，我们来看一下 ShardingSphere 实现这些步骤的具体做法。

2. ShardingSphere 集成 Spring 框架

ShardingSphere 有两个以“spring-namespace”结尾的代码工程，即 sharding-jdbc-spring-namespace 和 sharding-jdbc-orchestration-spring-namespace，后者关注的是编排治理相关功能的集成，相对比较简单。因为命名空间机制的实现过程基本一致，因此，我们以 sharding-jdbc-spring-namespace 代码工程为例进行讨论。

在 sharding-jdbc-spring-namespace 代码工程中，又包含了对普通分片、读写分离和数据脱敏 3 个核心功能的集成内容，它们的实现也都是采用了类似的方式，因此我们也不会进行重复说明，这里就以普通分片为例进行介绍。

首先，我们发现了一个专门用于与 Spring 框架进行集成的 SpringShardingDataSource 类，这个类就是业务对象类，代码如下：

```
    public class SpringShardingDataSource extends ShardingDataSource {

        public SpringShardingDataSource(final Map<String, DataSource>
dataSourceMap, final ShardingRuleConfiguration
shardingRuleConfiguration, final Properties props) throws SQLException
{
            super(dataSourceMap, new
ShardingRule(shardingRuleConfiguration, dataSourceMap.keySet()),
props);
        }
    }
```

可以看到，SpringShardingDataSource 类实际上只是对 ShardingDataSource 的一种简单封装，没有包含任何实际操作。

然后，我们来看配置项标签的定义类，该类是一种简单的工具类，其作用是定义配置项标签的名称。在命名上，ShardingSphere 中的这些类都以“BeanDefinitionParserTag”结尾，如下所示的 ShardingDataSourceBeanDefinitionParserTag：

```
    public final class ShardingDataSourceBeanDefinitionParserTag {
        public static final String ROOT_TAG = "data-source";
        public static final String SHARDING_RULE_CONFIG_TAG = sharding-
rule";
        public static final String PROPS_TAG = "props";
```

```
    public static final String DATA_SOURCE_NAMES_TAG = "data-source-
names";
    public static final String DEFAULT_DATA_SOURCE_NAME_TAG =
"default-data-source-name";
    public static final String TABLE_RULES_TAG = "table-rules";
    …
}
```

这里定义了一些 Tag 和 Attribute，我们不再进行详细介绍。可以对照基于 XML 的配置实例对这些定义的配置项进行理解，代码如下：

```
<sharding:data-source id="shardingDataSource">
    <sharding:sharding-rule data-source-names="ds0,ds1">
        <sharding:table-rules>
            <sharding:table-rule …/>
            <sharding:table-rule …/>
            …
        </sharding:table-rules>
        …
    </sharding:sharding-rule>
</sharding:data-source>
```

最后，我们在 sharding-jdbc-spring-namespace 代码工程的 META-INF/namespace 文件夹下找到对应的 sharding.xsd 文件，其基本结构的代码如下：

```
<xsd:schema
xmlns="http://shardingsphere.apache.org/schema/shardingsphere/sharding"
    xmlns:xsd="http://www.w3.org/2001/XMLSchema"
    xmlns:beans="http://www.springframework.org/schema/beans"
    xmlns:encrypt="http://shardingsphere.apache.org/
schema/shardingsphere/encrypt"
    targetNamespace="http://shardingsphere.apache.org/
schema/shardingsphere/sharding"
    elementFormDefault="qualified"
xmlns:xsi="http://www.w3.org/2001/XMLSchema-instance"
    xsi:schemaLocation="http://shardingsphere.apache.org/
schema/shardingsphere/encrypt http://shardingsphere.apache.org/schema/
shardingsphere/encrypt/encrypt.xsd">
```

```
    <xsd:import
namespace="http://www.springframework.org/schema/beans"
schemaLocation="http://www.springframework.org/schema/beans/spring-
beans.xsd" />
    <xsd:import namespace="http://shardingsphere.apache.org/
schema/shardingsphere/encrypt"
schemaLocation="http://shardingsphere.apache.org/schema/shardingsphere/
encrypt/encrypt.xsd"/>
    <xsd:element name="data-source">
        <xsd:complexType>
            <xsd:all>
                <xsd:element ref="sharding-rule" />
                <xsd:element ref="props" minOccurs="0" />
            </xsd:all>
            <xsd:attribute name="id" type="xsd:string" use="required"
/>
        </xsd:complexType>
    </xsd:element>
    …
</xsd:schema>
```

可以看到，data-source 元素包含 sharding-rule 和 props 两个子元素，其中 props 不是必需的。同时，data-source 还可以包含一个 id 属性，而该属性则是必不可少的。sharding-rule 可以有很多内嵌的属性，而且在 sharding.xsd 文件中对这些属性都做了定义。

需要注意的是，sharding.xsd 文件通过使用 xsd:import 标签还引入了两个 namespace，一个是 Spring 框架中的 http://www.springframework.org/schema/beans，另一个是 ShardingSphere 自身的 http://shardingsphere.apache.org/schema/shardingsphere/encrypt，这个命名空间的定义位于与 sharding.xsd 文件同目录下的 encrypt.xsd 文件中。

有了业务对象类及 XSD 文件的定义，接下来我们就来看一看 NamespaceHandler 的实现类 ShardingNamespaceHandler，代码如下：

```
public final class ShardingNamespaceHandler extends
NamespaceHandlerSupport {

    @Override
    public void init() {
```

```
        registerBeanDefinitionParser
        (ShardingDataSourceBeanDefinitionParserTag.ROOT_TAG, new
        ShardingDataSourceBeanDefinitionParser());

        registerBeanDefinitionParser
    (ShardingStrategyBeanDefinitionParserTag.
    STANDARD_STRATEGY_ROOT_TAG, new
    ShardingStrategyBeanDefinitionParser());
        …
    }
}
```

可以看到，这里也是直接使用了 registerBeanDefinitionParser()方法来完成配置项标签与具体的BeanDefinitionParser类之间的对应关系。我们来看一下ShardingDataSource-BeanDefinitionParser，其核心的parseInternal()方法的定义代码如下：

```
@Override
protected AbstractBeanDefinition parseInternal(final Element element,
final ParserContext parserContext) {

    //构建针对 SpringShardingDataSource 的 BeanDefinitionBuilder
    BeanDefinitionBuilder factory = BeanDefinitionBuilder.
rootBeanDefinition(SpringShardingDataSource.class);
    //解析构造函数中的 DataSource 参数
    factory.addConstructorArgValue(parseDataSources(element));

    //解析构造函数中的 ShardingRuleConfiguration 参数
    factory.addConstructorArgValue(parseShardingRuleConfiguration
(element));

    //解析构造函数中的 Properties 参数
    factory.addConstructorArgValue(parseProperties(element,
parserContext));
    factory.setDestroyMethodName("close");
    return factory.getBeanDefinition();
}
```

这里，我们定义了一个 BeanDefinitionBuilder 类并将其绑定到定义的业务对象类

SpringShardingDataSource 中。然后，我们通过调用 3 个 addConstructorArgValue()方法分别为 SpringShardingDataSource()构造函数中所需的 dataSourceMap、shardingRuleConfiguration 及 props 参数进行赋值。

我们再来进一步看一下 parseDataSources()方法，代码如下：

```
private Map<String, RuntimeBeanReference> parseDataSources(final Element element) {
    Element shardingRuleElement = DomUtils.getChildElementByTagName(element, ShardingDataSourceBeanDefinitionParserTag.SHARDING_RULE_CONFIG_TAG);
    List<String> dataSources = Splitter.on(",").trimResults().splitToList(shardingRuleElement.getAttribute(ShardingDataSourceBeanDefinitionParserTag.DATA_SOURCE_NAMES_TAG));
    Map<String, RuntimeBeanReference> result = new ManagedMap<>(dataSources.size());
    for (String each : dataSources) {
        result.put(each, new RuntimeBeanReference(each));
    }
    return result;
}
```

基于前文介绍的配置实例，我们理解这段代码的作用是获取所配置的"ds0,ds1"字符串，并对其进行拆分，然后基于每个代表具体 DataSource 的名称构建 RuntimeBeanReference 对象并进行返回，这样就可以把在 Spring 框架中定义的其他 Bean 加载到 BeanDefinitionBuilder 中。关于 ShardingDataSourceBeanDefinitionParser 中其他 parse()方法的使用，读者可以阅读对应的代码进行理解，处理方式非常类似，此处就不再重复讲解。

最后，我们需要在 META-INF 目录下提供 spring.schemas 文件，该文件的内容如下：

```
http\://shardingsphere.apache.org/schema/shardingsphere/sharding/sharding.xsd=META-INF/namespace/sharding.xsd
http\://shardingsphere.apache.org/schema/shardingsphere/masterslave/master-slave.xsd=META-INF/namespace/master-slave.xsd
```

```
    http\://shardingsphere.apache.org/schema/shardingsphere/encrypt/enc
rypt.xsd=META-INF/namespace/encrypt.xsd
```

同样，spring.handlers 文件的内容如下：

```
    http\://shardingsphere.apache.org/schema/shardingsphere/sharding=or
g.apache.shardingsphere.shardingjdbc.spring.namespace.handler.ShardingN
amespaceHandler
    http\://shardingsphere.apache.org/schema/shardingsphere/masterslave
=org.apache.shardingsphere.shardingjdbc.spring.namespace.handler.Master
SlaveNamespaceHandler
    http\://shardingsphere.apache.org/schema/shardingsphere/encrypt=org
.apache.shardingsphere.shardingjdbc.spring.namespace.handler.EncryptNam
espaceHandler
```

至此，关于 ShardingSphere 基于命名空间机制与 Spring 框架进行系统集成的实现过程就介绍完了。下面来介绍基于自定义 starter 集成 Spring Boot 的实现过程。

3.3.2 基于自定义 starter 集成 Spring Boot 的实现过程

与基于命名空间的实现方式一样，ShardingSphere 提供了 sharding-jdbc-spring-boot-starter 和 sharding-jdbc-orchestration-spring-boot-starter 两个代码工程。本节主要介绍 sharding-jdbc-spring-boot-starter 代码工程。

对于 Spring Boot 代码工程，我们先来关注 META-INF 文件夹下的 spring.factories 文件。Spring Boot 提供了一个 SpringFactoriesLoader 类，该类的运行机制类似于 SPI 机制，只不过以服务接口命名的文件是存储在 META-INF/spring.factories 文件夹下，对应的 Key 为 EnableAutoConfiguration。SpringFactoriesLoader 会查找所有 META-INF/spring.factories 目录下的配置文件，并把 Key 为 EnableAutoConfiguration 所对应的配置项通过反射实例化为配置类并加载到容器中。在 sharding-jdbc-spring-boot-starter 代码工程中，spring.factories 文件的内容如下：

```
    org.springframework.boot.autoconfigure.EnableAutoConfiguration=\
    org.apache.shardingsphere.shardingjdbc.spring.boot.SpringBootConfig
uration
```

现在 EnableAutoConfiguration 配置项指向了 SpringBootConfiguration 类。也就是说，SpringBootConfiguration 类在 Spring Boot 启动过程中都能够通过 SpringFactories-Loader 被加载到运行环境中。

1．SpringBootConfiguration 类的注解

下面介绍 SpringBootConfiguration 类，先注意加在该类上的各种注解，代码如下：

```
@Configuration
@ComponentScan("org.apache.shardingsphere.spring.boot.converter")
@EnableConfigurationProperties({
        SpringBootShardingRuleConfigurationProperties.class,
        SpringBootMasterSlaveRuleConfigurationProperties.class,
SpringBootEncryptRuleConfigurationProperties.class,
SpringBootPropertiesConfigurationProperties.class})
@ConditionalOnProperty(prefix = "spring.shardingsphere", name =
"enabled", havingValue = "true", matchIfMissing = true)
@AutoConfigureBefore(DataSourceAutoConfiguration.class)
@RequiredArgsConstructor
public class SpringBootConfiguration implements EnvironmentAware
```

首先，我们看到一个@Configuration 注解，该注解不是 Spring Boot 引入的新注解，而是属于 Spring 容器管理的内容。该注解表明这个类是一个配置类，可以启动组件扫描，用来将带有@Bean 注解的实体进行实例化。

其次，我们又看到一个同样属于 Spring 容器管理范畴的注解，即@ComponentScan 注解。@ComponentScan 注解就是扫描基于@Component 等注解所标注的类所在包下的所有需要注入的类，并把相关 Bean 定义批量加载到 IoC 容器中。显然，Spring Boot 应用程序中同样需要这个功能。需要注意的是，这里需要扫描的包路径位于另一个代码工程 sharding-spring-boot-util 的 org.apache.shardingsphere.spring.boot.converter 包中。

然后，我们看到一个@EnableConfigurationProperties 注解，该注解的作用就是使添加了@ConfigurationProperties 注解的类生效。在 Spring Boot 中，如果一个类只使用了@ConfigurationProperties 注解，该类没有在扫描路径下或没有使用@Component 等注解，就会导致无法被扫描为 Bean，这时必须在配置类上使用@EnableConfiguration-Properties 注解去指定这个类，才能使@ConfigurationProperties 生效，并作为一个 Bean

添加到 Spring 容器中。这里的@EnableConfigurationProperties 注解包含了 4 个具体的 ConfigurationProperties。以 SpringBootShardingRuleConfiguration-Properties 为例，该类的定义代码如下，可以看到，这里直接继承了 sharding-core-common 代码工程中的 YamlShardingRuleConfiguration：

```
@ConfigurationProperties(prefix = "spring.shardingsphere.sharding")
public class SpringBootShardingRuleConfigurationProperties extends
YamlShardingRuleConfiguration {
}
```

SpringBootConfiguration 类的下一个注解是@ConditionalOnProperty，该注解的作用是只有当所提供的属性值为 true 时才会实例化 Bean。

最后一个与自动加载相关的注解是@AutoConfigureBefore，如果该注解用在类名上，则其作用是标识在加载当前类之前需要加载注解中所设置的配置类。基于这一点，我们明确在加载 SpringBootConfiguration 类之前，Spring Boot 会先加载 DataSourceAutoConfiguration。

2. SpringBootConfiguration 类的功能

在介绍完这些注解之后，我们来看一下 SpringBootConfiguration 类的功能。

我们知道对 ShardingSphere 来说，其对外的入口实际上就是各种 DataSource，因此 SpringBootConfiguration 类提供了一些创建不同 DataSource 的入口方法，如 shardingDataSource()方法，代码如下：

```
@Bean
@Conditional(ShardingRuleCondition.class)
public DataSource shardingDataSource() throws SQLException {
    return ShardingDataSourceFactory.createDataSource(dataSourceMap, new
ShardingRuleConfigurationYamlSwapper().swap(shardingRule),
props.getProps());
}
```

shardingDataSource()方法添加了两个注解：一个是常见的@Bean 注解，另一个是@Conditional 注解，这两个注解的作用是只有在满足指定条件的情况下才能加载 Bean。在@Conditional 注解中设置一个 ShardingRuleCondition 类，代码如下：

```
public final class ShardingRuleCondition extends
SpringBootCondition
{
    @Override
    public ConditionOutcome getMatchOutcome(final ConditionContext
conditionContext, final AnnotatedTypeMetadata annotatedTypeMetadata) {
        boolean isMasterSlaveRule = new
MasterSlaveRuleCondition().getMatchOutcome(conditionContext,
annotatedTypeMetadata).isMatch();
        boolean isEncryptRule = new
EncryptRuleCondition().getMatchOutcome(conditionContext,
annotatedTypeMetadata).isMatch();
        return isMasterSlaveRule || isEncryptRule ?
ConditionOutcome.noMatch("Have found master-slave or encrypt rule in
environment") : ConditionOutcome.match();
    }
}
```

可以看到，ShardingRuleCondition 类是一个标准的 SpringBootCondition，实现了 getMatchOutcome()抽象方法。SpringBootCondition 的作用是注册类或加载 Bean 的条件。ShardingRuleCondition 类在实现上分别调用了 MasterSlaveRuleCondition 和 EncryptRuleCondition 来判断是否满足这两个 SpringBootCondition。显然，ShardingRuleCondition 类只有在两个条件都不满足的情况下才会被加载。对 masterSlaveDataSource()和 encryptDataSource()两个方法来说，处理逻辑也类似，此处不做赘述。

我们注意到 SpringBootConfiguration 类还实现了 Spring 的 EnvironmentAware 接口。在 Spring Boot 中，当一个类实现了 EnvironmentAware 接口并重写了其中的 setEnvironment()方法之后，在启动代码工程时就可以获得 application.properties 配置文件中各个配置项的属性值。SpringBootConfiguration 类所重写的 setEnvironment()方法的代码如下：

```
@Override
public final void setEnvironment(final Environment environment) {
    String prefix = "spring.shardingsphere.datasource.";
    for (String each : getDataSourceNames(environment, prefix)) {
        try {
```

```
                dataSourceMap.put(each, getDataSource(environment,
prefix, each));
            } catch (final ReflectiveOperationException ex) {
                throw new ShardingException("Can't find datasource
type!", ex);
            } catch (final NamingException namingEx) {
                throw new ShardingException("Can't find JNDI
datasource!", namingEx);
            }
        }
    }
```

这里的代码逻辑是获取“spring.shardingsphere.datasource.name”或“spring.shardingsphere.datasource.names”的配置项，然后根据该配置项中所指定的 DataSource 信息构建新的 DataSource 对象并加载到 dataSourceMap 的 LinkedHashMap 中。这点我们可以结合如下代码加深理解：

```
    spring.shardingsphere.datasource.names=ds0,ds1

    # 配置数据源 ds0
    spring.shardingsphere.datasource.ds0.type=com.alibaba.druid.pool.Dr
uidDataSource
    spring.shardingsphere.datasource.ds0.driver-class-
name=com.mysql.jdbc.Driver
    spring.shardingsphere.datasource.ds0.url=jdbc:mysql://localhost/ds0
    spring.shardingsphere.datasource.ds0.username=root
    spring.shardingsphere.datasource.ds0.password=root

    # 配置数据源 ds1
    spring.shardingsphere.datasource.ds1.type=com.alibaba.druid.pool.Dr
uidDataSource
    spring.shardingsphere.datasource.ds1.driver-class-
name=com.mysql.jdbc.Driver
    spring.shardingsphere.datasource.ds1.url=jdbc:mysql://localhost/ds1
    spring.shardingsphere.datasource.ds1.username=root
    spring.shardingsphere.datasource.ds1.password=root
```

至此，关于整个 SpringBootConfiguration 类的实现过程就介绍完了。

3.4 本章小结

JDBC 规范是理解和应用 ShardingSphere 的基础，ShardingSphere 对 JDBC 规范进行了重写，并提供了完全兼容的一套接口。本章首先介绍了 JDBC 规范中的各个核心接口。然后在这些接口的基础上，ShardingSphere 基于适配器模式对 JDBC 规范进行了重写。我们对该重写方案进行了抽象，并基于 ShardingConnection 类的实现过程详细阐述了 ShardingSphere 重写 Connection 接口的实现原理。

微内核架构是 ShardingSphere 最核心的基础架构，为该框架提供了高度的灵活性及可插拔的扩展性。微内核架构同样也是一种架构模式，本章对该架构模式的特点和组成结构进行了介绍，并基于 JDK 提供的 SPI 机制给出了实现这一架构模式的具体方案。

最后，本章围绕如何集成 Spring 框架这一主题对 ShardingSphere 的具体实现方法进行了详细讲解。ShardingSphere 在这方面提供了一种可以直接进行参考的模版式的实现方法，包括基于命名空间集成 Spring 框架及基于自定义 starter 集成 Spring Boot 的实现过程。

第4章

ShardingSphere 数据分片

从本章开始，正式进入了 ShardingSphere 核心功能的讲解，首当其冲的是它的分片功能。为了介绍分片机制，我们将从单库单表架构讲起，基于一个典型的业务场景梳理数据操作的需求，并给出整个代码工程的框架，以及基于测试实例验证数据操作结果的实现过程。本章主要讲解 ShardingSphere 所提供的分库、分表、分库+分表、强制路由的分片功能及其使用方法。

针对以上核心功能，我们通过引入 ShardingSphere 强大的配置体系实现了分片效果。

4.1 数据分片的核心概念

所谓的分片就是把数据划分成不同的数据片，并存储在不同的目标对象中。想要很好地理解分片，就需要引入与这一主题相关的一系列概念。本节将结合 ShardingSphere 来阐述这些概念，包括绑定表与广播表、分片策略与分片算法及分片引擎等。

4.1.1 绑定表与广播表

绑定表与广播表是 ShardingSphere 的两个基础概念，与分片过程密切相关。

1. 绑定表

绑定表（BindingTable）是 ShardingSphere 提出的一个新概念。绑定表是指分片规则一致的一组主表和子表。在业务场景中，假设有 health_record 和 health_task 两张表。这两张表中都有一个 record_id 字段。如果我们在应用过程中按照 record_id 字段进行分片，则这两张表可以构成互为绑定表关系。

引入绑定表概念的根本原因是，互为绑定表关系的多表关联查询不会出现笛卡儿积，因此关联查询效率将会大大提升。举例说明，如果所执行的 SQL 语句为：

```
    SELECT record.remark_name FROM health_record record JOIN
health_task task ON record.record_id=task.record_id WHERE
record.record_id in (1, 2);
```

如果我们不显式地配置绑定表关系，假设分片键 record_id 将数值 1 路由至第 1 片，将数值 2 路由至第 0 片，则路由后应该有 4 条 SQL 语句，它们呈现出笛卡儿积，代码如下：

```
    SELECT record.remark_name FROM health_record0 record JOIN
health_task0 task ON record.record_id=task.record_id WHERE
record.record_id in (1, 2);

    SELECT record.remark_name FROM health_record0 record JOIN
health_task1 task ON record.record_id=task.record_id WHERE
record.record_id in (1, 2);

    SELECT record.remark_name FROM health_record1 record JOIN
health_task0 task ON record.record_id=task.record_id WHERE
record.record_id in (1, 2);

    SELECT record.remark_name FROM health_record1 record JOIN
health_task1 task ON record.record_id=task.record_id WHERE
record.record_id in (1, 2);
```

在配置绑定表关系后，路由的 SQL 语句就会减少到 2 条，代码如下：

```
    SELECT record.remark_name FROM health_record0 record JOIN
health_task0 task ON record.record_id=task.record_id WHERE
record.record_id in (1, 2);

    SELECT record.remark_name FROM health_record1 record JOIN
health_task1 task ON record.record_id=task.record_id WHERE
record.record_id in (1, 2);
```

需要注意的是，如果想要达到这种效果，则互为绑定表的各个表的分片键要完全相同。例如，在上面的这些 SQL 语句中，我们不难看出，这个需要完全相同的分片键就是 record_id。

2. 广播表

介绍完绑定表的概念，再来看一下广播表的概念。广播表（BroadCastTable）是指所有的分片数据源中都存在的表，也就是这种表的表结构和表中的数据在每个数据库中都是完全一样的。广播表的适用场景比较明确，通常针对数据量不大且需要与海量数据表进行关联查询的应用场景，典型的实例就是每个分片数据库中都应该存在的字典表。

4.1.2 分片策略与分片算法

分片策略是 ShardingSphere 分片引擎的核心概念，直接影响最终的路由结果，而分片策略的实施又依赖于分片算法。

1. 分片策略整体架构

我们先来看一下分片策略 ShardingStrategy 的定义。ShardingStrategy 位于 sharding-core-common 代码工程的 org.apache.shardingsphere.core.strategy.route 包中，其定义代码如下：

```
    public interface ShardingStrategy {
```

```
        //获取分片
        Collection<String> getShardingColumns();

        //执行分片
        Collection<String> doSharding(Collection<String>
availableTargetNames, Collection<RouteValue> shardingValues);
    }
```

可以看到，ShardingStrategy 包含两个核心方法：一个用于指定分片的 Column，另一个负责执行分片并返回目标 DataSource 和 Table。ShardingSphere 为我们提供了一系列的分片策略实例，类层结构如图 4-1 所示。

图 4-1　ShardingStrategy 的类层结构

如果我们翻阅这些具体 ShardingStrategy 实现类的代码，就会发现每个 ShardingStrategy 中都会包含另一个与路由相关的核心概念，即分片算法 ShardingAlgorithm。我们注意到 ShardingAlgorithm 是一个空接口，但它包含了 4 个继承接口，即 PreciseShardingAlgorithm 接口、RangeShardingAlgorithm 接口、ComplexKeysSharding-Algorithm 接口和 HintShardingAlgorithm 接口，这 4 个接口又分别具有一些实现类。ShardingAlgorithm 的类层结构如图 4-2 所示。

图 4-2　ShardingAlgorithm 的类层结构

需要注意的是，ShardingStrategy 与 ShardingAlgorithm 之间并不是一对一的对应关系。在一个 ShardingStrategy 中，可以同时使用多个 ShardingAlgorithm 来完成具体的路由执行策略。ShardingStrategy 和 ShardingAlgorithm 的类层结构关系如图 4-3 所示。

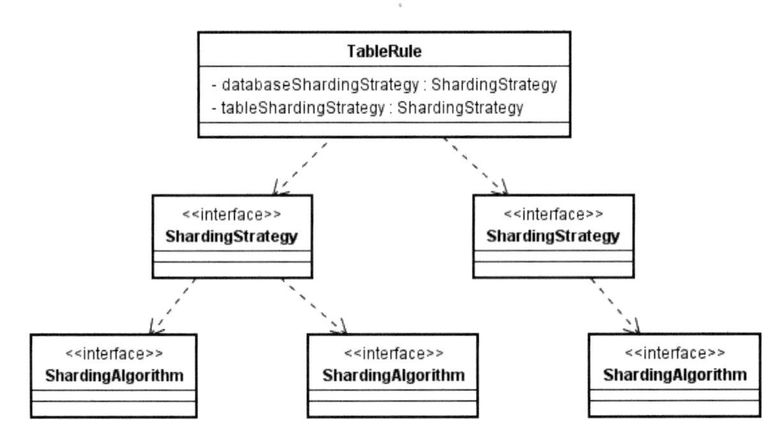

图 4-3　ShardingStrategy 和 ShardingAlgorithm 的类层结构关系

由于分片算法的独立性，ShardingSphere 将其进行单独的抽离。从关系上讲，分片策略包含了分片算法和分片键，我们可以把分片策略的组成结构简单抽象成如下所示的公式。

分片策略 = 分片算法 + 分片键

2．分片策略组合分片算法

ShardingSphere 一共有 5 种 ShardingStrategy 实现，即标准分片策略（StandardShardingStrategy）、复合分片策略（ComplexShardingStrategy）、行表达式分片策略（InlineShardingStrategy）、Hint 分片策略（HintShardingStrategy）和不分片策略（NoneShardingStrategy）。本节针对 StandardShardingStrategy 和 InlineShardingStrategy 进行介绍，而关于 HintShardingStrategy 将在 4.1.3 节中进行介绍。

StandardShardingStrategy 是一种标准分片策略，也是 ShardingSphere 最常用的一种分片策略，提供对 SQL 语句中的=、>、<、>=、<=、IN 和 BETWEEN AND 等操作

的分片支持。分片策略相当于分片算法与分片键的组合。对 StandardShardingStrategy 来说，它只支持单分片键，并提供 PreciseShardingAlgorithm 和 RangeShardingAlgorithm 两种分片算法。其中，PreciseShardingAlgorithm 是必选的，用于处理=和 IN 的分片。RangeShardingAlgorithm 是可选的，用于处理 BETWEEN AND、>、<、>=、<=的分片。

对 PreciseShardingAlgorithm 来说，该接口用于处理使用，它有两个实现类，分别是 PreciseModuloDatabaseShardingAlgorithm 和 PreciseModuloTableShardingAlgorithm。显然，前者用于数据库级别的分片，而后者面向表操作。它们的分片方法都一样，都是使用取模（Modulo）操作。以 PreciseModuloDatabaseShardingAlgorithm 为例，其实现代码如下：

```
public final class PreciseModuloDatabaseShardingAlgorithm
implements PreciseShardingAlgorithm<Integer> {

    @Override
    public String doSharding(final Collection<String>
availableTargetNames, final PreciseShardingValue<Integer>
shardingValue) {
        for (String each : availableTargetNames) {
            //根据分片值执行取模操作
            if (each.endsWith(shardingValue.getValue() % 2 + "")) {
                return each;
            }
        }
        throw new UnsupportedOperationException();
    }
}
```

可以看到，这里对 PreciseShardingValue 进行取模计算，并与传入的 availableTargetNames 进行对比，从而决定目标数据库。而对 RangeShardingAlgorithm 来说，情况就相对复杂。RangeShardingAlgorithm 同样具有两个实现类，分别为 RangeModuloDatabaseShardingAlgorithm 和 RangeModuloTableShardingAlgorithm，它们的命名和代码风格与 PreciseShardingAlgorithm 的实现类非常类似。这里也以 RangeModuloDatabaseShardingAlgorithm 为例，其实现代码如下：

```
public final class RangeModuloDatabaseShardingAlgorithm implements
RangeShardingAlgorithm<Integer> {

    @Override
    public Collection<String> doSharding(final Collection<String>
availableTargetNames, final RangeShardingValue<Integer> shardingValue)
{
        Collection<String> result = new
LinkedHashSet<>(availableTargetNames.size());

        //根据分片值决定分片的范围
        for (Integer i =
shardingValue.getValueRange().lowerEndpoint(); i <=
shardingValue.getValueRange().upperEndpoint(); i++) {
            for (String each : availableTargetNames) {
                //分片值执行取模操作，并与目标数据库进行对比
                if (each.endsWith(i % 2 + "")) {
                    result.add(each);
                }
            }
        }
        return result;
    }
}
```

与 PreciseModuloDatabaseShardingAlgorithm 相比，这里多了一层 for 循环，在该循环中添加了对范围 ValueRange 的 lowerEndpoint()到 upperEndpoint()中各个值的计算和对比。

在日常开发过程中，我们可以通过定制化 ShardingAlgorithm 的方法完成对 StandardShardingStrategy 分片策略的扩展。在本章后续内容中，会有这样的实例代码。

讲解完 StandardShardingStrategy，我们来看一下 InlineShardingStrategy。与其他各种分片策略不同，InlineShardingStrategy 采用了一种特殊的机制来实现路由。

我们已经知道在使用行表达式时需要指定一个分片列 shardingColumn 及一个类似 ds$->{user_id % 2}的表达式。你可能会好奇 ShardingSphere 是如何来解析这样的表达式的呢？基于 InlineShardingStrategy 定义的变量，我们可以找到问题的答案。

```
//分片列
private final String shardingColumn;
//Groovy 中的 Closure 实例
private final Closure<?> closure;
```

原来，ShardingSphere 在这里用到了 Groovy 中的 Closure 对象。Groovy 是可运行在 JVM 中的一种动态语言，既可以用于面向对象编程，又可以作为纯粹的脚本语言。使用该种语言不必编写过多的代码，同时又具有 Closure 和动态语言中的其他特性。在使用方式上，基本也与使用 Java 代码的方式相同。基于 Groovy 的动态语言特性，InlineShardingStrategy 提供对 SQL 语句中的=和 IN 的分片操作支持，目前只支持单分片键。对于类似 ds$->{user_id % 2}这样的常见分片算法，可以通过简单配置进行使用，从而避免了烦琐的 Java 代码开发。

4.1.3　强制路由与 Hint 机制

强制路由与一般的分库分表路由的不同之处在于，它并没有使用任何的分片键和分片策略。我们知道通过解析 SQL 语句提取分片键并设置分片策略进行分片是 ShardingSphere 对重写 JDBC 规范的实现方式。如果没有分片键，则只能访问所有的数据库和数据表进行全路由。显然，这种处理方式也不大合适。有时，我们需要为执行 SQL 语句开一个“后门”，允许在没有分片键的情况下同样可以在外部设置目标数据库和数据表，这就是强制路由的设计理念。

1．强制路由的基本概念和实现方式

在 ShardingSphere 中，通过 Hint 机制实现强制路由。我们在这里对 Hint 这一概念进行详细阐述。在关系型数据库中，Hint 作为一种 SQL 语句补充语法扮演着非常重要的角色。它允许用户通过相关的语法影响 SQL 语句的执行方式，改变 SQL 语句的执行计划，从而实现对 SQL 语句进行特殊的优化。很多数据库工具也提供了特殊的 Hint 语法。以 MySQL 为例，比较典型的 Hint 使用方式之一就是对索引的强制和忽略机制。

MySQL 中的强制索引能够确保要执行的 SQL 语句只作用于所指定的缩写上，我们可以通过 FORCE INDEX 的 Hint 语法实现这一目标，代码如下：

```
SELECT * FROM TABLE1 FORCE INDEX (FIELD1)
```

类似的，IGNORE INDEX 的 Hint 语法使得原本设置在具体字段上的索引不被使用，代码如下：

```
SELECT * FROM TABLE1 IGNORE INDEX (FIELD1, FIELD2)
```

分片字段不是由 SQL 语句决定场景的，而是由其他外置条件决定场景的，可以使用 SQL Hint 灵活地注入分片字段。

针对强制路由和 Hint 机制，ShardingSphere 提供了一个专门的工具类 HintManager 来满足日常业务开发的需求。

2. HintShardingStrategy

下面来看一下 HintShardingStrategy，可以通过 ShardingStrategy 来判断是否根据 Hint 进行路由。我们知道在有些场景下，分片字段不是由 SQL 语句本身决定的，而是由依赖于其他外置条件决定的。这时就可使用 SQL Hint 灵活地注入分片字段。

基于 HintShardingStrategy，我们可以实现通过 Hint 而非 SQL 语句解析的方式执行分片策略。而 HintShardingStrategy 的实现依赖于 HintShardingAlgorithm。HintShardingAlgorithm 继承了 ShardingAlgorithm 接口，其定义代码如下，可以看到该接口同样有一个 doSharding()方法：

```
    public interface HintShardingAlgorithm<T extends Comparable<?>>
extends ShardingAlgorithm {

        //根据 Hint 信息执行分片
        Collection<String> doSharding(Collection<String>
availableTargetNames, HintShardingValue<T> shardingValue);
    }
```

对 Hint 来说，因为它实际上是对 SQL 语句执行过程的一种直接干预，所以往往根据传入的 availableTargetNames 进行直接路由。所以我们来看一下 ShardingSphere 中 HintShardingAlgorithm 接口唯一的一个实现类 DefaultHintShardingAlgorithm，代码如下：

```
    public final class DefaultHintShardingAlgorithm implements
HintShardingAlgorithm<Integer> {

        @Override
        public Collection<String> doSharding(final Collection<String>
availableTargetNames, final HintShardingValue<Integer> shardingValue) {
            return availableTargetNames;
        }
    }
```

可以看到，这个分片算法的执行方式主要基于 availableTargetNames，但只是直接返回这个数组。所以对 HintShardingStrategy 来说，在默认情况下实际上并没有执行任何路由效果。

在 HintShardingStrategy 中，shardingAlgorithm 变量的构建是通过 HintShardingStrategyConfiguration 配置类完成的，显然我们可以通过配置项来设置具体的 HintShardingAlgorithm。在日常开发过程中，我们一般都需要实现自定义的 HintShardingAlgorithm 并进行配置。在本章后续内容中，同样会给出相关的实例代码。同时，我们还会对 HintManager 工具类的使用方法和实现原理进行详细介绍。

4.1.4　分布式主键

在传统数据库软件开发中，主键自动生成技术是基本需求。而各个数据库对于该需求也提供了相应的支持，如 MySQL 的自增键，Oracle 的自增序列等。而在分片场景下，问题就变得有点复杂，我们不能依靠单个实例上的自增键来实现不同数据节点之间的全局唯一主键。分布式主键的需求就应运而生。ShardingSphere 作为一款优秀的分库分表开源软件，同样提供了分布式主键的实现机制，本节就对这一机制的基本原理和实现方式进行讨论。

1. ShardingSphere 中的自动生成键方案

在介绍 ShardingSphere 提供的具体分布式主键实现方式之前，我们有必要先对这个框架中所抽象的自动生成键（GeneratedKey）方案进行讨论，从而帮助用户明确分布式主键的具体使用场景和使用方法。

（1）GeneratedKey 类

GeneratedKey 并不是 ShardingSphere 所创造的概念。如果你熟悉 MyBatis 中的 ORM 框架，对 GeneratedKey 就不会感到陌生。通常，我们是在 MyBatis 的 Mapper 文件中设置 useGeneratedKeys 和 keyProperty 的属性，代码如下：

```
    <insert id="addEntity" useGeneratedKeys="true" keyProperty=
"recordId" >
        INSERT INTO health_record (user_id, level_id, remark)
        VALUES (# {userId,jdbcType=INTEGER}, # {levelId,jdbcType=
INTEGER},
    # {remark,jdbcType=VARCHAR})
    </insert>
```

当执行这个 INSERT 语句时，所返回的对象中就会自动包含所生成的主键值。当然，这种方式能够生效的前提是所对应的数据库本身支持自增长的主键。

当我们使用 ShardingSphere 所提供的自动生成键方案时，开发过程及效果和上面的描述的完全一致。在 ShardingSphere 中，同样实现了一个 GeneratedKey 类，该类位于 sharding-core-route 代码工程的 org.apache.shardingsphere.core.route.router.sharding.keygen 包下。我们先看一下该类提供的 getGenerateKey()方法，代码如下：

```
    public static Optional<GeneratedKey> getGenerateKey(final ShardingRule
shardingRule, final TableMetas tableMetas, final List<Object> parameters,
final InsertStatement insertStatement) {
        //找到自增长列
        Optional<String> generateKeyColumnName = shardingRule.
findGenerateKeyColumnName(insertStatement.getTable().getTableName());
        if (!generateKeyColumnName.isPresent()) {
            return Optional.absent();
        }

        //判断自增长类是否已生成主键值
        return Optional.of(containsGenerateKey(tableMetas,
insertStatement, generateKeyColumnName.get())
```

```
        ? findGeneratedKey(tableMetas, parameters, insertStatement,
generateKeyColumnName.get()) : createGeneratedKey(shardingRule,
insertStatement, generateKeyColumnName.get()));
  }
```

这段代码的逻辑在于先从 ShardingRule 中找到主键对应的 Column，然后判断是否已经包含了主键。如果是则找到该主键，如果不是则生成新的主键。本节重点关注分布式主键的生成，下面来看一下 createGeneratedKey()方法，代码如下：

```
  private static GeneratedKey createGeneratedKey(final ShardingRule
shardingRule, final InsertStatement insertStatement, final String
generateKeyColumnName) {
      GeneratedKey result = new GeneratedKey(generateKeyColumnName,
true);
      for (int i = 0; i < insertStatement.getValueListCount(); i++) {
          result.getGeneratedValues().add(shardingRule.
generateKey(insertStatement.getTable().getTableName()));
      }
      return result;
  }
```

在 GeneratedKey 中有一个类型为 LinkedList 的 generatedValues 变量保存所生成的主键，但我们发现这里生成主键的工作实际上是转移到了 ShardingRule 类的 generateKey()方法中。因此，让我们跳转到 ShardingRule 类并找到 generateKey()方法，代码如下：

```
  public Comparable<?> generateKey(final String logicTableName) {
      Optional<TableRule> tableRule = findTableRule(logicTableName);
      if (!tableRule.isPresent()) {
          throw new ShardingConfigurationException("Cannot find
strategy for generate keys.");
      }

      //从 TableRule 中获取 ShardingKeyGenerator 并生成分布式主键
      ShardingKeyGenerator shardingKeyGenerator = null ==
tableRule.get().getShardingKeyGenerator() ?
defaultShardingKeyGenerator :
tableRule.get().getShardingKeyGenerator();
```

```
        return shardingKeyGenerator.generateKey();
    }
```

我们首先根据传入的 logicTableName 找到对应的 TableRule，基于 TableRule 找到其包含的 ShardingKeyGenerator，然后通过 ShardingKeyGenerator 的 generateKey()方法来生成主键。从设计模式上讲，ShardingRule 也只是一个门面（Facade）类，真正创建 ShardingKeyGenerator 的过程应该是在 TableRule 中。而这里的 ShardingKeyGenerator 显然就是真正生成分布式主键的入口。

（2）ShardingKeyGenerator 接口

下面先来分析 ShardingKeyGenerator 接口，从定义上看，该接口继承了 TypeBasedSPI 接口，代码如下：

```
    public interface ShardingKeyGenerator extends TypeBasedSPI {
        Comparable<?> generateKey();
    }
```

在 TableRule 的一个构造函数中找到 ShardingKeyGenerator 的创建过程，代码如下：

```
    shardingKeyGenerator =
containsKeyGeneratorConfiguration(tableRuleConfig)
        ? new ShardingKeyGeneratorServiceLoader().
newService(tableRuleConfig.getKeyGeneratorConfig().getType(),
tableRuleConfig.getKeyGeneratorConfig().getProperties()) : null;
```

这里有一个 ShardingKeyGeneratorServiceLoader 类，该类的定义代码如下：

```
    public final class ShardingKeyGeneratorServiceLoader extends
TypeBasedSPIServiceLoader<ShardingKeyGenerator> {

        static {
            NewInstanceServiceLoader.register
(ShardingKeyGenerator.class);
        }

        public ShardingKeyGeneratorServiceLoader() {
            super(ShardingKeyGenerator.class);
        }
```

```
}
```

回顾 3.2 节中关于微内核架构模式的介绍，我们不难理解 ShardingKeyGenerator-ServiceLoader 类的作用。ShardingKeyGeneratorServiceLoader 类继承了 TypeBasedSPI-ServiceLoader 类，在静态方法中通过 NewInstanceService-Loader 注册了类路径中所有的 ShardingKeyGenerator 类。然后，ShardingKeyGenerator-ServiceLoader 类的 newService()方法基于类型通过 SPI 创建实例，并赋值 Properties 属性。

通过继承 TypeBasedSPIServiceLoader 类创建一个新的 ServiceLoader 类，然后在其静态方法中注册相应的 SPI 实现，这种写法是 ShardingSphere 应用微内核架构模式的常见做法，很多地方都能看到类似的处理方法。

我们在 sharding-core-common 代码工程的 META-INF/services 目录中看到了具体的 SPI 定义，如图 4-4 所示。

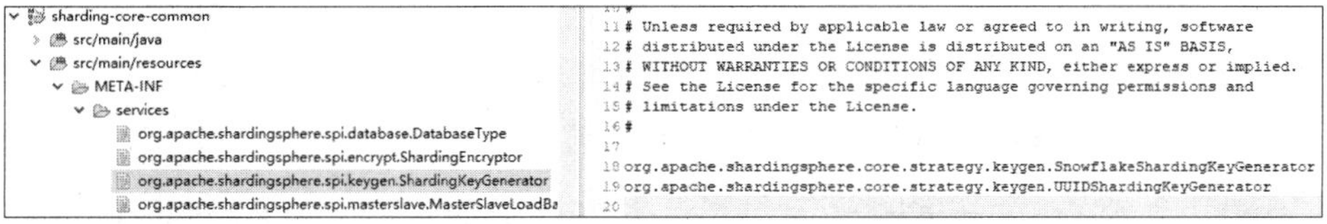

```
sharding-core-common
  src/main/java
  src/main/resources
    META-INF
      services
        org.apache.shardingsphere.spi.database.DatabaseType
        org.apache.shardingsphere.spi.encrypt.ShardingEncryptor
        org.apache.shardingsphere.spi.keygen.ShardingKeyGenerator
        org.apache.shardingsphere.spi.masterslave.MasterSlaveLoadBa
```

```
11 # Unless required by applicable law or agreed to in writing, software
12 # distributed under the License is distributed on an "AS IS" BASIS,
13 # WITHOUT WARRANTIES OR CONDITIONS OF ANY KIND, either express or implied.
14 # See the License for the specific language governing permissions and
15 # limitations under the License.
16 #
17
18 org.apache.shardingsphere.core.strategy.keygen.SnowflakeShardingKeyGenerator
19 org.apache.shardingsphere.core.strategy.keygen.UUIDShardingKeyGenerator
20
```

图 4-4　分布式主键 SPI 定义图

可以看到，这里有两个 ShardingKeyGenerator 接口，分别是 SnowflakeShardingKey-Generator 和 UUIDShardingKeyGenerator，它们都位于 org.apache.shardingsphere.core.strategy.keygen 包下。

2. ShardingSphere 中的分布式主键实现方案

在 ShardingSphere 中，ShardingKeyGenerator 接口有一些实现类。除了前面提到的 SnowflakeShardingKeyGenerator 和 UUIDShardingKeyGenerator，还实现了 LeafSegment-KeyGenerator 和 LeafSnowflakeKeyGenerator 类，但这两个类的实现过程有些特殊，我们稍后再进行介绍。

（1）UUIDShardingKeyGenerator

我们先来看一下最简单的 ShardingKeyGenerator 接口，即 UUIDShardingKeyGenerator。UUIDShardingKeyGenerator 的实现非常容易理解，直接采用 UUID.randomUUID()方法产

生分布式主键，代码如下：

```
    public final class UUIDShardingKeyGenerator implements
ShardingKeyGenerator {

        private Properties properties = new Properties();

        @Override
        public String getType() {
            return "UUID";
        }

        @Override
        public synchronized Comparable<?> generateKey() {
            return UUID.randomUUID().toString().replaceAll("-", "");
        }
    }
```

（2）SnowflakeShardingKeyGenerator

我们再来看一下 SnowFlake（雪花）算法，SnowFlake 算法是 ShardingSphere 默认的分布式主键生成策略。

SnowFlake 算法是 Twitter 开源的分布式 ID 生成算法，其核心思想是使用一个 64bit 的 long 型的数字作为全局唯一 ID，且 ID 引入了时间戳，基本能够保持自增。SnowFlake 算法在分布式系统中的应用十分广泛，SnowFlake 算法中的 64bit 详细结构具有一定的规范，如图 4-5 所示。

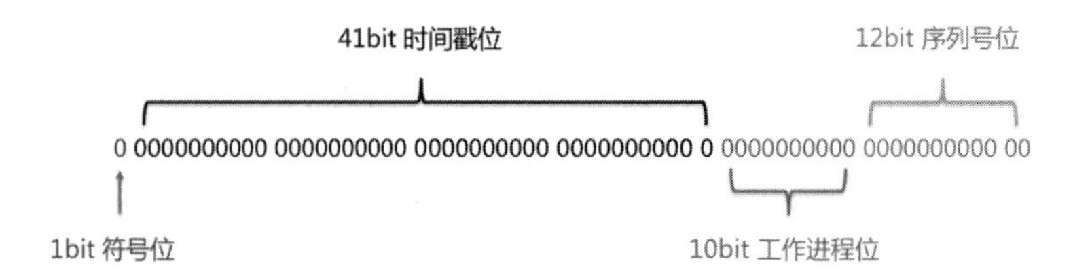

图 4-5　64bit 的 ID 结构图

在图 4-5 中，我们可以把 64bit 分成以下 4 部分。

- 符号位。

第一部分即第一个 bit，值为 0，没有实际意义。

- 时间戳位。

第二部分是 41 个 bit，表示时间戳。41 位的时间戳可以容纳的毫秒数是 2^{41}，一年所使用的毫秒数是 31 536 000 000（365×24×60×60×1000），即 69.73 年。也就是说，ShardingSphere 的 SnowFlake 算法的时间纪元从 2016 年 11 月 1 日零点开始，可以使用到 2086 年，能满足绝大部分系统的要求。

- 工作进程位。

第三部分是 10 个 bit，表示工作进程位，其中前 5 个 bit 表示机房 ID，后 5 个 bit 表示机器 ID。

- 序列号位。

第四部分是 12 个 bit，表示序列号位，就是某个机房某台机器上这一毫秒内同时生成的 ID 序列号。如果在这个毫秒内生成的数量超过 4096（2^{12}），那么生成器会等待到下一毫秒继续生成。

因为 SnowFlake 算法依赖于时间戳，所以还有一种场景我们需要考虑，即时钟回拨。时钟回拨是指服务器因为时间同步，而导致某一部分机器的时钟回到了过去的一个时间点。显然，时间戳的回滚会导致生成一个已经使用过的 ID，因此默认分布式主键生成器提供了一个最大容忍的时钟回拨毫秒数。如果时钟回拨的时间超过了最大容忍的毫秒数阈值，则程序报错；如果在可容忍的范围内，则默认分布式主键生成器会等待时钟同步到最后一次主键生成的时间后再继续工作。ShardingSphere 最大容忍的时钟回拨毫秒数的默认值为 0，可以通过属性设置。

了解了 SnowFlake 算法的基本概念之后，我们来看一下 SnowflakeShardingKey-Generator 类的具体实现。首先在 SnowflakeShardingKeyGenerator 类中有一些常量的定义，用于维护 SnowFlake 算法中各个 bit 之间的关系，同时还有一个 TimeService 用于获取当前的时间戳。而 SnowflakeShardingKeyGenerator 的核心方法 generateKey()负责生成具体的 ID，这里给出详细的代码，并为每行代码都添加了注释：

```
    @Override
    public synchronized Comparable<?> generateKey() {
        //获取当前时间戳
        long currentMilliseconds = timeService.getCurrentMillis();

        //如果出现了时钟回拨，则抛出异常或进行时钟等待
        if (waitTolerateTimeDifferenceIfNeed(currentMilliseconds)) {
            currentMilliseconds = timeService.getCurrentMillis();
        }

        //如果上次的生成时间与本次的生成时间是同一毫秒
        if (lastMilliseconds == currentMilliseconds) {
            //这个位运算的值始终控制在 4096 范围内，避免自己传递的 sequence 超过了
4096
            if (0L == (sequence = (sequence + 1) & SEQUENCE_MASK)) {
                //如果位运算结果是 0，则需要等待下一毫秒继续生成
                currentMilliseconds =
waitUntilNextTime(currentMilliseconds);
            }
        } else {//如果位运算结果不是 0，则生成新的 sequence
            vibrateSequenceOffset();
            sequence = sequenceOffset;
        }
        lastMilliseconds = currentMilliseconds;

        //先将当前时间戳左移放到完成 41 个 bit，然后将工作进程为左移到 10 个 bit
        //再将序列号放到最后的 12 个 bit
        //最后拼接起来成为一个 64 bit 的二进制数字
        return ((currentMilliseconds - EPOCH) <<
TIMESTAMP_LEFT_SHIFT_BITS) | (getWorkerId() <<
WORKER_ID_LEFT_SHIFT_BITS) | sequence;
    }
```

可以看到，这里综合考虑了时钟回拨、同一毫秒内请求等设计要素，从而完成 SnowFlake 算法的具体实现。

（3）LeafSegmentKeyGenerator 和 LeafSnowflakeKeyGenerator

事实上，如果自己实现 SnowflakeShardingKeyGenerator 的 ShardingKeyGenerator 难度很大，而且也属于重复造轮子。因此，尽管在 ShardingSphere4.X 版本中也提供了 LeafSegmentKeyGenerator 和 LeafSnowflakeKeyGenerator 两个 ShardingKeyGenerator 的完整实现类。但在正在开发的 ShardingSphere 5.X 版本中，这两个实现类被移除了。目前，ShardingSphere 专门提供了 OpenSharding 代码仓库来储新版本的 LeafSegmentKey-Generator 和 LeafSnowflakeKeyGenerator。新版本的实现类直接采用了第三方公司美团提供的 Leaf 开源实现。

Leaf 提供了两种生成 ID 的模式：一种是号段（Segment）模式；另一种是 SnowFlake 模式。无论使用哪种模式，我们都需要提供一个 leaf.properties 文件，并设置一个 leaf.key，代码如下：

```
# for keyGenerator key
leaf.key=sstest

# for LeafSnowflake
leaf.zk.list=localhost:2181
```

如果使用号段模式，则需要依赖一个数据库表来存储运行时的数据，因此需要在 leaf.properties 文件中添加数据库的相关配置，代码如下：

```
# for LeafSegment
leaf.jdbc.url=jdbc:mysql://127.0.0.1:3306/test?serverTimezone=UTC&useSSL=false
leaf.jdbc.username=root
leaf.jdbc.password=123456
```

基于这些配置，我们就可以创建对应的 DataSource，并进一步创建用于生成分布式 ID 的 IDGen 实现类，这里创建的是基于号段模式的 SegmentIDGenImpl 实现类，代码如下：

```
//通过 DruidDataSource 构建数据源并设置属性
DruidDataSource dataSource = new DruidDataSource();
dataSource.setUrl(properties.getProperty(LeafPropertiesConstant.LEAF_JDBC_URL));
```

```
    dataSource.setUsername(properties.getProperty
(LeafPropertiesConstant.LEAF_JDBC_USERNAME));
    dataSource.setPassword(properties.getProperty
(LeafPropertiesConstant.LEAF_JDBC_PASSWORD));
    dataSource.init();

    //构建数据库访问 Dao 组件
    IDAllocDao dao = new IDAllocDaoImpl(dataSource);
    //创建 IDGen 实现类
    this.idGen = new SegmentIDGenImpl();
    //将 Dao 组件绑定到 IDGen 实现类
     ((SegmentIDGenImpl) this.idGen).setDao(dao);
    this.idGen.init();
    this.dataSource = dataSource;
```

一旦我们成功创建了 IDGen 实现类，就可以通过该类生成目标 ID，LeafSegmentKeyGenerator 类包含了所有的实现细节，代码如下：

```
    Result result = this.idGen.get(properties.getProperty
(LeafPropertiesConstant.LEAF_KEY));
    return result.getId();
```

在介绍完 LeafSegmentKeyGenerator 之后，我们来看一下 LeafSnowflakeKeyGenerator。LeafSnowflakeKeyGenerator 的实现依赖于分布式协调框架 ZooKeeper，所以在配置文件中需要指定 ZooKeeper 的目标地址，代码如下：

```
    # for LeafSnowflake
    leaf.zk.list=localhost:2181
```

用于创建 LeafSnowflake 的 IDGen 实现类 SnowflakeIDGenImpl 相对比较简单，可以直接在构造函数中设置 ZookeePer 地址，代码如下：

```
    IDGen idGen = new SnowflakeIDGenImpl(properties.getProperty
(LeafPropertiesConstant.LEAF_ZK_LIST), 8089);
```

同样，通过 IDGen 获取模板 ID 的方式是一致的，代码如下：

```
    idGen.get(properties.getProperty(LeafPropertiesConstant.LEAF_KEY)).
getId();
```

显然，基于 Leaf 框架实现号段模式和 SnowFlake 模式下的分布式 ID 生成方式非常简单，Leaf 框架为我们屏蔽了内部实现的复杂性。

4.1.5 连接模式

连接模式（Connection Mode）是 ShardingSphere 执行分片逻辑中非常重要的一个概念，它是一个枚举类型，代码如下：

```
public enum ConnectionMode {
    MEMORY_STRICTLY, CONNECTION_STRICTLY
}
```

可以看到有两种具体的连接模式，即 MEMORY_STRICTLY 和 CONNECTION_STRICTLY，前者表示内存限制模式，后者表示连接限制模式。连接模式是 ShardingSphere 提出的一个特有概念，体现的是一种设计上的平衡思想。

从数据库访问资源的角度来看，一方面是对数据库连接资源的控制保护，另一方面是采用更优的归并模式达到对中间件内存资源的节省。如何处理好两者之间的关系，是 ShardingSphere 执行引擎需要解决的问题。为此，ShardingSphere 提出了连接模式的概念。简单举例来说，当采用内存限制模式时，对于同一个数据源，如果有 10 张分表，那么在执行过程中会获取 10 个连接并进行并行执行；当采用连接限制模式时，在执行过程中只会获取 1 个连接并进行串行执行。

那么 ConnectionMode 是怎么得出来的呢？实际上这部分代码位于 SQLExecutePrepareTemplate 中，我们根据 maxConnectionsSizePerQuery 配置项，以及与每个数据库所需要执行的 SQL 语句数量进行比较，然后得出具体的 ConnectionMode，代码如下：

```
    ConnectionMode connectionMode = maxConnectionsSizePerQuery <
sqlUnits.size() ? ConnectionMode.CONNECTION_STRICTLY :
ConnectionMode.MEMORY_STRICTLY;
```

关于这个判断条件，我们可以使用一个简单的示意图进行说明，如图 4-6 所示。

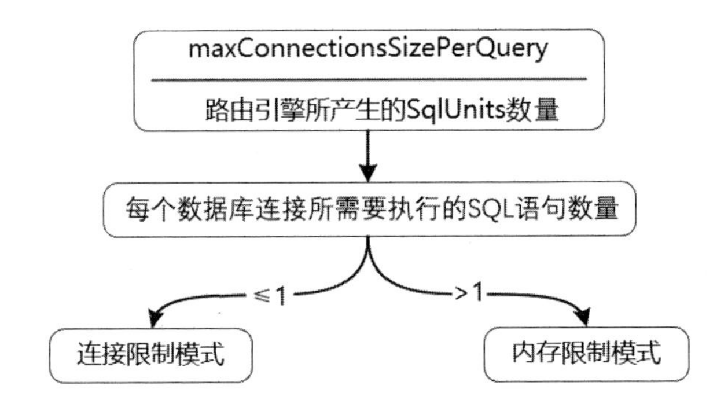

图 4-6　ConnectionMode 的计算示意图

连接模式的概念对 SQL 语句执行结果的处理影响很大。因为涉及分布式环境下的分库分表操作，ShardingSphere 会对每次 SQL 语句的执行结果进行归并（Merge），而归并的方式有两种，即内存归并（Memory Merge）和流式归并（Stream Merge）。基于连接模式的设计原理，在 maxConnectionSizePerQuery 允许的范围内，当一个连接需要执行的请求数量大于 1 时，表示当前的数据库连接无法持有相应的数据结果集，必须采用内存归并；反之，可以采用流式归并。

4.1.6　分片引擎

在理解了数据分片的核心概念之后，我们来看一下 ShardingSphere 中的分片引擎。分片引擎由解析引擎、路由引擎、改写引擎、执行引擎和归并引擎五大部分组成，如图 4-7 所示。

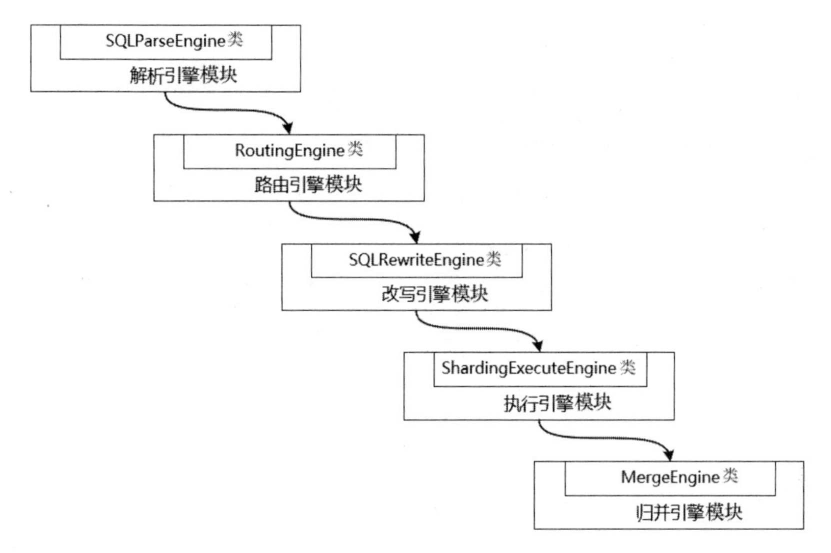

图 4-7 ShardingSphere 分片引擎结构图

我们已经在 1.2.1 节中看到过这张图。ShardingSphere 对每个引擎都进行了明确的命名，在代码工程的组织结构上也做了对应的约定。例如，sharding-core-route 代码工程用于实现路由引擎、sharding-core-execute 代码工程用于实现执行引擎、sharding-core-merge 代码工程用于实现归并引擎等。这是从框架内部实现机制角度梳理的一种主流程。下面就对分片引擎中的各个子引擎进行简要的介绍，帮助读者更好地学习后续内容。

1. 解析引擎

对解析引擎来说，我们先要明确该引擎输入的是 SQL 语句，而输出的则是 SQLStatement 对象，以便供后续的 ShardingRouter 等路由引擎使用。

而在解析引擎内部，我们可以清楚地看到 3 个不同的执行阶段，即解析、提取和填充。ShardingSphere 通过 SQLParserEngine 生成 SQL 抽象语法树、通过 SQLSegmentsExtractorEngine 提取 SQLSegment，以及通过 SQLStatementFiller 填充 SQLStatement。这 3 个阶段是 ShardingSphere 新一代 SQL 语句解析引擎的核心组成部分，其整体架构图如图 4-8 所示。

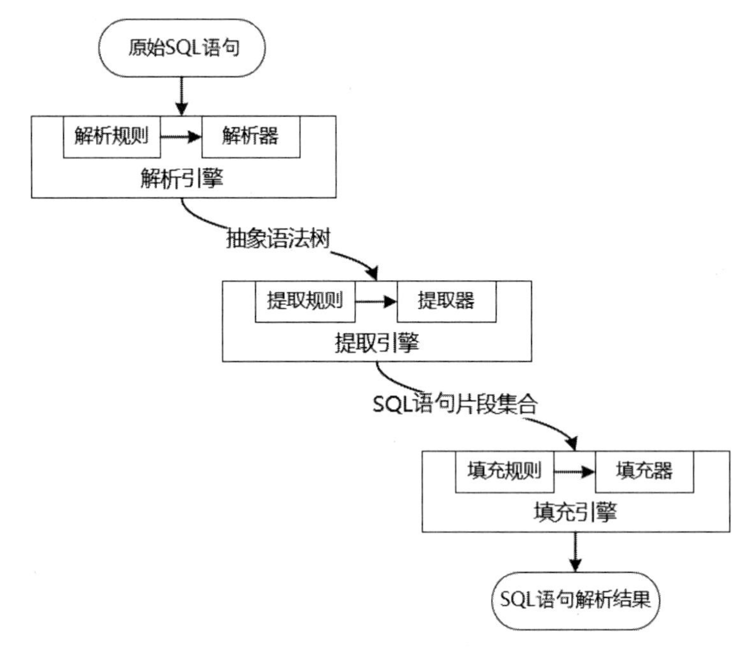

图 4-8　SQL 解析引擎的整体架构图

2．路由引擎

从流程上讲，路由引擎是整个分片引擎执行流程中的第二个步骤，即基于 SQL 语句解析引擎所生成的 SQLStatement，通过解析执行过程中所携带的上下文信息获取匹配数据库和表的分片策略，并生成路由结果。因此，4.1.2 节介绍的分片策略和分片算法，以及 4.1.3 节介绍的强制路由都与路由引擎有直接关系。

我们通过阅读 ShardingSphere 源码，梳理出了如图 4-9 所示的路由引擎核心类的分层分包结构图。

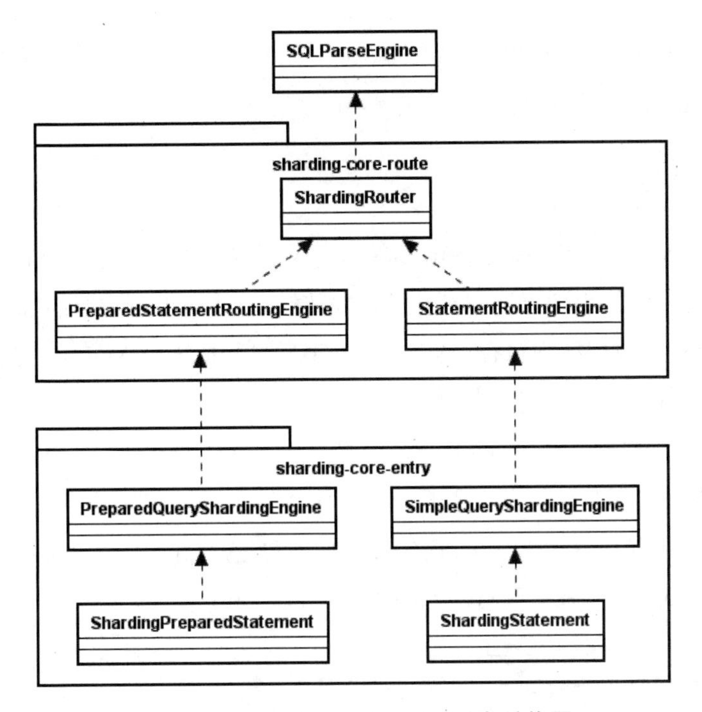

图 4-9　路由引擎核心类的分层分包结构图

图 4-9 总结了与路由机制相关的各个核心类，我们可以看到整体呈现出一种对称结构，即根据是普通 Statement 还是 PreparedStatement 分成两个分支流程。同时，我们也可以把图 4-9 中的类按照其所属的包结构分成两个层次，这也是 ShardingSphere 普遍采用的一种分包原则，即根据类的所属层级来组织包结构。

我们先来看图 4-9 中的 ShardingRouter 类，该类是整个路由流程的启动点。ShardingRouter 类直接依赖解析引擎 SQLParseEngine 类完成 SQL 语句解析并获取 SQLStatement 对象，然后供 PreparedStatementRoutingEngine 和 StatementRoutingEngine 使用。需要注意的是，这几个类都位于 sharding-core-route 代码工程中，处于底层组件。

图 4-9 中的 PreparedQueryShardingEngine 和 SimpleQueryShardingEngine 位于 sharding-core-entry 代码工程中。从包的命名上看，entry 相当于是访问的入口，所以我们可以判断该代码工程所提供的类属于面向应用层组件，处于更加上层的位置。PreparedQueryShardingEngine 和 SimpleQueryShardingEngine 的使用者分别是

ShardingPreparedStatement 和 ShardingStatement，这两个类再往上就是 ShardingConnection 及 ShardingDataSource 这些直接面向应用层的类。

3. 改写引擎

SQL 语句改写在分库分表框架中通常位于路由之后，也是整个 SQL 语句执行流程中重要的一个环节。因为开发人员是面向逻辑库与逻辑表所书写的 SQL 语句，并不能够直接在真实的数据库中执行，SQL 语句改写用于将逻辑 SQL 语句改写为在真实数据库中可以正确执行的 SQL 语句。

事实上，我们已经在前文介绍了 SQL 语句改写的应用场景，这个场景就是分布式主键的自动生成过程。在关系型数据库中，自增主键是常见的功能特性，而对 ShardingSphere 来说，这也是 SQL 语句改写的典型应用场景。在 ShardingSphere 中，SQLRewriteEngine 接口表示改写引擎的入口，代码如下：

```
public interface SQLRewriteEngine {
    //基于 SQLRewriteContext 执行 SQL 语句改写
    SQLRewriteResult rewrite(SQLRewriteContext SQLRewriteContext);
}
```

SQLRewriteEngine 接口只有一个方法，即根据输入的 SQLRewriteContext 返回一个 SQLRewriteResult 对象。在 ShardingSphere 中，可以通过装饰器类 SQLRewriteContextDecorator 对 SQLRewriteContext 进行装饰，从而满足不同场景的需要。在 ShardingSphere 中只存在两种具体的 SQLRewriteContextDecorator：一种用于分片处理的 ShardingSQLRewriteContextDecorator；另一种用于数据脱敏的 EncryptSQLRewriteContextDecorator。装饰器模式是 ShardingSphere 处理 SQL 语句的一种实现技巧。

4. 执行引擎

执行引擎负责获取从路由和改写引擎中所生成的 SQL 语句并完成在具体数据库中的执行。执行引擎是 ShardingSphere 的核心模块，ShardingSphere 也对 SQL 语句执行的整体流程进行了高度抽象。

我们先给出 ShardingSphere 中 SQL 语句执行引擎核心类的分层分包结构图，如

图 4-10 所示。图中直线以上部分位于 sharding-core-execute 代码工程，属于底层组件。直线以下部分位于 sharding-jdbc-core 代码工程，属于上层组件。这也是 ShardingSphere 大量使用分层分包设计原则的一种具体表现。

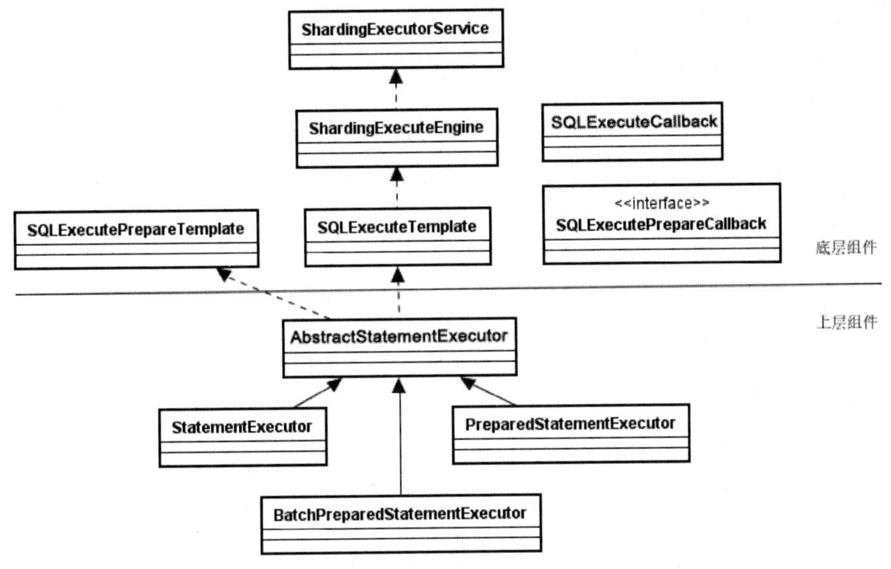

图 4-10　SQL 语句执行引擎核心类的分层分包结构图

在层次关系上，ShardingExecuteEngine 是底层对象，SQLExecuteTemplate 应该依赖于 ShardingExecuteEngine。而 StatementExecutor、PreparedStatementExecutor 和 BatchPreparedStatementExecutor 属于上层对象，应该依赖于 SQLExecuteTemplate。

我们在图 4-10 中还看到 SQLExecuteCallback 和 SQLExecutePrepareCallback，它们的作用是完成 SQL 语句执行过程中的回调处理，这也是一种非常典型的扩展性处理方式。

5. 归并引擎

在 ShardingSphere 整个分片机制的结构中，归并引擎是执行引擎后的下一环，也是整个数据分片引擎的最后一环。在分库分表环境下，一条逻辑 SQL 语句会最终解析成多条真正的 SQL 语句并被路由到不同的数据库中进行执行，每个数据库都可能返回最终结果中的一部分数据。这样我们就会碰到一个问题，如何把这些来自不同数据库的部分数据组合成最终结果呢？这就需要引入归并的概念。

归并是将从各个数据节点获取的多个数据结果集，通过一定的策略组合成为一个结果集并正确返回给请求客户端的过程。考虑到不同的 SQL 语句类型及应用场景，归并可以分为遍历、排序、分组、分页和聚合 5 种类型，这 5 种类型是组合而非互斥的关系，如图 4-11 所示。

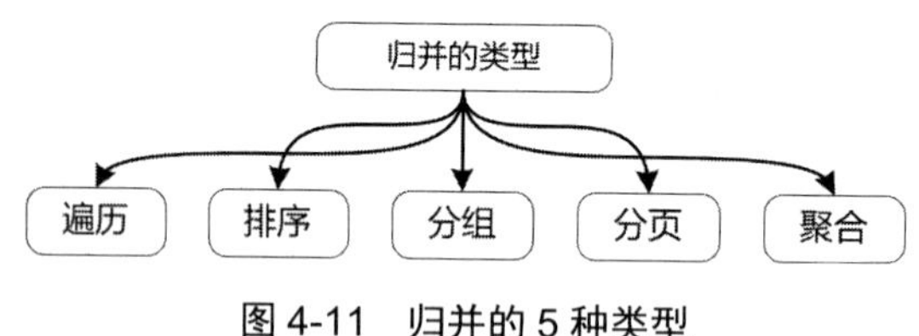

图 4-11 归并的 5 种类型

而从归并实现的结构上划分，ShardingSphere 又可以分为流式归并、内存归并和装饰者归并 3 种归并方案。

我们在介绍 ShardingSphere 的连接模式时已经引入了流式归并和内存归并的概念。流式归并类似于在 JDBC 中从 ResultSet 获取结果的处理方式。也就是说，通过逐条获取的方式返回正确的单条数据。内存归并的思路则不同，是将结果集的所有数据先存储在内存中，通过统一的计算之后，再将其封装成为逐条访问的数据结果集进行返回。装饰者归并是指通过装饰器模式对所有的结果集进行归并统一增强功能，类似于改写引擎中 SQLRewriteContextDecorator 对 SQLRewriteContext 进行装饰的过程。显然，流式归并和内存归并是互斥的，装饰者归并可以在流式归并和内存归并之上做进一步的处理。

归并方案与归并类型之间同样存在一定的关联关系，其中遍历、排序及分组都属于流式归并；内存归并可以作用于统一的分组、排序及聚合；装饰者归并有分页和聚合两种归并类型，如图 4-12 所示。

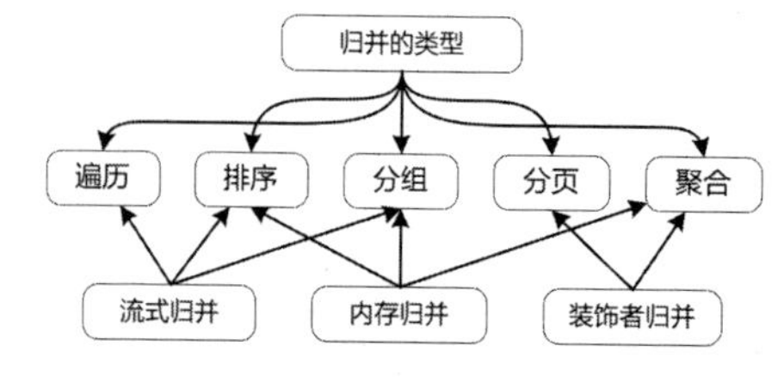

图 4-12 归并方案与归并类型之间的对应关系图

4.2　数据分片实例分析

通过对 ShardingSphere 数据分片核心概念的介绍，相信读者已经对如何实现数据分片有了一定的了解。我们将通过实例分析逐步掌握 ShardingSphere 的各项分片功能。在这些实例中，将先介绍单库单表系统，然后逐步引入分库、分表、分库+分表及强制路由来对系统进行改造。

在整个实例中，如果没有特殊强调，将默认使用 Spring Boot 集成和 ShardingSphere 框架，同时基于 MyBatis 实现对数据库的访问。系统开发的第一步是导入所需的开发框架。新建一个 Spring Boot 代码工程，在 pom 文件中需要添加对 sharding-jdbc-spring-boot-starter 和 mybatis-spring-boot-starter 两个 starter 的引用，代码如下：

```
<dependency>
     <groupId>org.apache.shardingsphere</groupId>
     <artifactId>sharding-jdbc-spring-boot-starter</artifactId>
</dependency>

<dependency>
     <groupId>org.mybatis.spring.boot</groupId>
     <artifactId>mybatis-spring-boot-starter</artifactId>
</dependency>
```

开发环境初始化要做的工作也就是这些，下面来介绍实例的业务场景。我们考虑一个在医疗健康领域中比较常见的业务场景，在这类场景中，每个用户（User）都有一份健康记录（HealthRecord），存储着表示用户当前健康状况的健康等级（HealthLevel），以及一系列健康任务（HealthTask）。通常，医生通过用户的当前健康记录创建不同的健康任务，然后用户可以通过完成医生所指定的任务来获取一定的健康积分，该积分决定了用户的健康等级，并最终影响整个健康记录。健康任务做得越多，健康等级就越高，用户的健康记录也就越完善，反过来健康任务也就可以越做越少，从而形成一个正向的业务闭环。这里，我们无须对整个业务闭环进行过多的阐述，只要关注这一业务场景下几个核心业务对象的存储和访问方式。

在这个场景下，我们关注 User、HealthRecord、HealthLevel 和 HealthTask 共 4 个

业务对象。我们对每个业务对象给出了最基础的字段定义，以及各个业务对象之间的关联关系，如图 4-13 所示。

User
- userId : Integer
- userName : String
1
1
HealthRecord
- recordId : Integer
- userId : Integer
- levelId : Integer
- remark : String
1
1
HealthLevel
- levelId : Integer
- levelName : String
1
1..*
HealthTask
- taskId : Integer
- recordId : Integer
- userId : Integer
- taskName : String

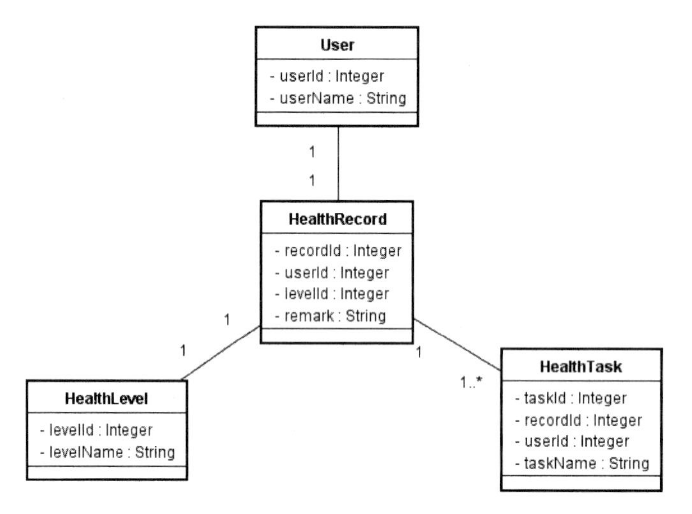

图 4-13　实例业务对象之间的关联关系

既然采用 MyBatis 作为 ORM 框架，就需要遵循 MyBatis 的开发流程。首先，我们需要完成各个业务实体的定义，如图 4-14 所示。

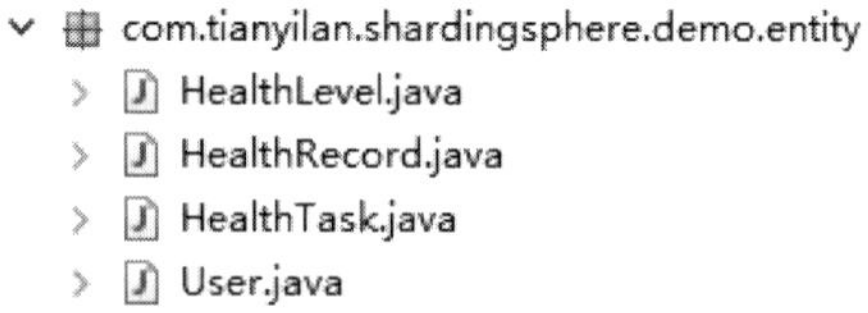

com.tianyilan.shardingsphere.demo.entity
HealthLevel.java
HealthRecord.java
HealthTask.java
User.java

图 4-14　业务实体类定义图

其次，基于这些业务实体，我们需要完成对应的 Mapper 文件的编写，把这些 Mapper 文件放在代码工程的 mappers 目录下，如图 4-15 所示。

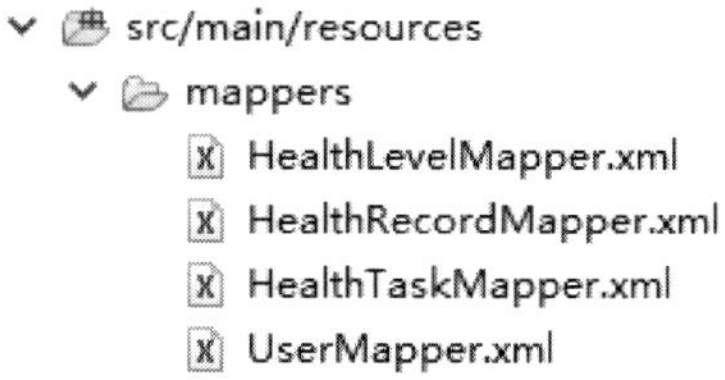

src/main/resources
mappers
HealthLevelMapper.xml
HealthRecordMapper.xml
HealthTaskMapper.xml
UserMapper.xml

图 4-15　Mapper 文件定义图

再次，配置数据源信息，把这些数据源信息存储在一个单独的 application-traditional.properties 配置文件中，代码如下：

```
spring.datasource.driverClassName = com.mysql.jdbc.Driver
spring.datasource.url = jdbc:mysql://localhost:3306/ds
spring.datasource.username = root
spring.datasource.password = root
```

按照 Spring Boot 的配置约定，我们在 application.properties 配置文件中把上述配置文件设置为启动 profile。通过使用不同的 profile，可以完成不同配置体系之间的切换，代码如下。

```
spring.profiles.active=traditional
```

这里使用 traditional 作为传统模式下的 profile 名称。接下来要做的事情就是创建 Repository 层组件，如图 4-16 所示。

```
com.tianyilan.shardingsphere.demo.repository
    BaseRepository.java
    HealthLevelRepository.java
    HealthRecordRepository.java
    HealthTaskRepository.java
    UserRepository.java
```

图 4-16　Repository 层组件定义图

最后，我们设计并实现了相关的 3 个服务类，分别是 UserService、HealthLevelService 和 HealthRecordService，如图 4-17 所示。

```
com.tianyilan.shardingsphere.demo.service
    HealthLevelService.java
    HealthRecordService.java
    UserService.java
com.tianyilan.shardingsphere.demo.service.impl
    HealthLevelServiceImpl.java
    HealthRecordServiceImpl.java
    UserServiceImpl.java
```

图 4-17　Service 层组件定义图

首先，通过 UserService 插入一些用户数据用于完成用户信息的初始化。然后，利用 HealthLevelService 专门用来初始化健康等级信息。需要注意的是，与其他业务对象不同，健康等级信息是系统一种典型的字典信息，假设系统拥有 5 种健康等级。最后，使用 HealthRecordService 来完成 HealthRecord 及 HealthTask 数据的存储和访问。这里以 HealthRecordService 服务为例，给出它的实现过程，代码如下：

```
@Service
public class HealthRecordServiceImpl implements HealthRecordService {

    @Autowired
    private HealthRecordRepository healthRecordRepository;

    @Autowired
    private HealthTaskRepository healthTaskRepository;

    @Override
    public void processHealthRecords() throws SQLException{
        insertHealthRecords();
    }

    private List<Integer> insertHealthRecords() throws SQLException {
        List<Integer> result = new ArrayList<>(10);
        for (int i = 1; i <= 10; i++) {
          HealthRecord healthRecord = insertHealthRecord(i);
             insertHealthTask(i, healthRecord);
             result.add(healthRecord.getRecordId());
        }
        return result;
    }

    private HealthRecord insertHealthRecord(final int i) throws
SQLException {
        HealthRecord healthRecord = new HealthRecord();
        healthRecord.setUserId(i);
        healthRecord.setLevelId(i % 5);
        healthRecord.setRemark("Remark" + i);
        healthRecordRepository.addEntity(healthRecord);
        return healthRecord;
    }
```

```
    private void insertHealthTask(final int i, final HealthRecord
healthRecord) throws SQLException {
        HealthTask healthTask = new HealthTask();
        healthTask.setRecordId(healthRecord.getRecordId());
        healthTask.setUserId(i);
        healthTask.setTaskName("TaskName" + i);
        healthTaskRepository.addEntity(healthTask);
    }
}
```

现在，我们已经实现了一个完整业务场景所需要的 Repository 层和 Service 层组件。这些组件在业务逻辑上都非常简单，而在技术上也完全采用了 MyBatis 经典开发过程。最后，我们可以通过一组简单的单元测试验证这些组件是否能够正常运行。这里以 HealthRecordTest 类为例给出它的实现，涉及@RunWith、@SpringBootTest 等常见测试注解的使用，代码如下：

```
@RunWith(SpringRunner.class)
@SpringBootTest(webEnvironment =
SpringBootTest.WebEnvironment.MOCK)
public class HealthRecordTest {

    @Autowired
    private HealthRecordService healthRecordService;

    @Test
    public void testProcessHealthRecords() throws Exception {
        healthRecordService. processHealthRecords();
    }
}
```

运行这个单元测试，我们可以看到测试通过，并且在数据库表中也看到了插入的数据。至此，一个单库单表的系统已经构建完成。下面将对该系统进行分库分表改造。

在传统单库单表的数据架构上进行分库分表的改造，开发人员只需要做一件事情，那就是基于 2.2 节中介绍的 ShardingSphere 配置机制完成针对具体场景的配置工作即可，所有已经存在的业务代码都不需要做任何的更改，这就是 ShardingSphere 的强大之处。

4.3 分片改造之实现分库

作为系统改造的第一步，我们先来看一看如何基于配置体系实现数据的分库访问。

4.3.1 初始化数据源

针对分库场景，我们设计了 ds0 和 ds1 两个数据源（指 ds0 数据库和 ds1 数据库）。针对两个数据源，我们就需要初始化两个 DataSource 对象，这两个 DataSource 对象将组成一个 Map 并传递给 ShardingDataSourceFactory 工厂类，代码如下：

```
spring.shardingsphere.datasource.names=ds0,ds1

# 配置数据源 ds0
spring.shardingsphere.datasource.ds0.type=com.alibaba.druid.pool.DruidDataSource
spring.shardingsphere.datasource.ds0.driver-class-name=com.mysql.jdbc.Driver
spring.shardingsphere.datasource.ds0.url=jdbc:mysql://localhost:3306/ds0
spring.shardingsphere.datasource.ds0.username=root
spring.shardingsphere.datasource.ds0.password=root

# 配置数据源 ds1
spring.shardingsphere.datasource.ds1.type=com.alibaba.druid.pool.DruidDataSource
spring.shardingsphere.datasource.ds1.driver-class-name=com.mysql.jdbc.Driver
```

```
spring.shardingsphere.datasource.ds1.url=jdbc:mysql://localhost:330
6/ds1
spring.shardingsphere.datasource.ds1.username=root
spring.shardingsphere.datasource.ds1.password=root
```

4.3.2　设置分库策略

明确了数据源之后，我们需要设置针对分库的分片策略，代码如下：

```
# 设置分库策略
spring.shardingsphere.sharding.default-database-
strategy.inline.sharding-column=user_id
spring.shardingsphere.sharding.default-database-
strategy.inline.algorithm-expression=ds$->{user_id % 2}
```

我们知道，在 ShardingSphere 中存在一组 ShardingStrategyConfiguration，这里使用的是基于行表达式的 InlineShardingStrategyConfiguration。InlineShardingStrategy-Configuration 包含两个需要设置的参数：一个是指定分片列名称的 shardingColumn；另一个是指定分片算法行表达式的 algorithmExpression。在配置方案中，将基于 user_id 列对 2 的取模值来确定数据应该存储在哪一个数据库中。同时，注意到这里配置的是“default-database-strategy”配置项。结合 2.2.2 节中的内容，设置这个配置项相当于是在 ShardingRuleConfiguration 中指定了默认的分库 ShardingStrategy。

4.3.3　设置绑定表与广播表

下面设置绑定表。在实例中，health_record 和 health_task 应该互为绑定表关系。所以，我们可以在配置文件中添加对这种关系的配置，代码如下：

```
# 设置绑定表
spring.shardingsphere.sharding.binding-tables=health_record,
health_task
```

设置完绑定表之后，再来设置广播表。对 health_level 表来说，因为它保存着有限的健康等级信息，可以认为它就是这样的一种字典表。所以，我们也在配置文件中添加了对广播表的定义，代码如下：

```
# 设置广播表
spring.shardingsphere.sharding.broadcast-tables=health_level
```

4.3.4 设置表分片规则

通过前面的这些配置项，我们根据需求完成了 ShardingRuleConfiguration 与分库操作相关配置信息的设置。基于 2.2.2 节中的内容，我们知道 ShardingRuleConfiguration 中的 TableRuleConfiguration 是必不可少的配置项。所以，我们来看一下在这个场景下应该如何对表分片进行设置。

TableRuleConfiguration 是表分片规则配置，包含了用于设置真实数据节点的 actualDataNodes、用于设置分库策略的 databaseShardingStrategyConfig 及用于设置分布式环境下的自增列生成器的 keyGeneratorConfig。我们已经在 ShardingRuleConfiguration 中设置了默认的 databaseShardingStrategyConfig，现在需要完成剩下的 actualDataNodes 和 keyGeneratorConfig 的设置。

对 health_record 表来说，因为存在两个数据源，所以，它所属于的 actual-data-nodes 可以用行表达式 ds$->{0..1}.health_record 来表示，在 ds0 和 ds1 中都有 health_record 表。而对 keyGeneratorConfig 来说，通常都建议使用雪花算法。在明确了这些信息之后，也就完成了 health_record 表中 TableRuleConfiguration 的配置，代码如下：

```
# 设置表分片和分布式主键策略
spring.shardingsphere.sharding.tables.t_order.actual-data-nodes=ds$->{0..1}.health_record
spring.shardingsphere.sharding.tables.t_order.key-generator.column=record_id
spring.shardingsphere.sharding.tables.t_order.key-generator.type=SNOWFLAKE
spring.shardingsphere.sharding.tables.t_order.key-generator.props.worker.id=33
```

同理，health_task 表的配置与 health_record 表的配置类似，这里需要根据实际情况调整 key-generator.column 的具体数据列，代码如下：

```
# 设置表分片规则和分布式主键策略
spring.shardingsphere.sharding.tables.t_order_item.actual-data-nodes=ds$->{0..1}.health_task
```

```
spring.shardingsphere.sharding.tables.t_order_item.key-generator.column=task_id
spring.shardingsphere.sharding.tables.t_order_item.key-generator.type=SNOWFLAKE
spring.shardingsphere.sharding.tables.t_order_item.key-generator.props.worker.id=33
```

重新执行 HealthRecordTest 单元测试，并检查数据库中的数据。图 4-18 和图 4-19 所示为 ds0 中的 health_record 表和 health_task 表。

record_id	user_id	level_id	remark
471693168761507840	2	2	Remark2
471693169399042048	4	4	Remark4
471693170032381952	6	1	Remark6
471693170615390208	8	3	Remark8
471693171286478848	10	0	Remark10

图 4-18　ds0 中的 health_record 表

task_id	user_id	record_id	task_name
471693168895725568	2	168761507840	TaskName2
471693169571008512	4	169399042048	TaskName4
471693170204348416	6	170032381952	TaskName6
471693170745413632	8	170615390208	TaskName8
471693171412307968	10	171286478848	TaskName10

图 4-19　ds0 中的 health_task 表

图 4-20 和图 4-21 所示为 ds1 中的 health_record 表和 health_task 表。

record_id	user_id	level_id	remark
471693167960395777	1	1	Remark1
471693169067692033	3	3	Remark3
471693169688449025	5	0	Remark5
471693170325983233	7	2	Remark7
471693170955128833	9	4	Remark9

图 4-20　ds1 中的 health_record 表

task_id	user_id	record_id	task_name
471693168631484417	1	471693167960395777	TaskName1
471693169231269889	3	471693169067692033	TaskName3
471693169831055361	5	471693169688449025	TaskName5
471693170456006657	7	471693170325983233	TaskName7
471693171114512385	9	471693170955128833	TaskName9

图 4-21　ds1 中的 health_task 表

显然，在 ds0 和 ds1 中，这两张表的数据都已经被分库。

4.4 分片改造之实现分表

相比分库操作，分表操作是在同一个数据库中完成对一张表的拆分工作。所以从数据源上讲，我们只需要定义一个 DataSource 对象即可，这里把新的 DataSource 对象命名为 ds2，代码如下：

```
spring.shardingsphere.datasource.names=ds2

# 配置数据源 ds2
spring.shardingsphere.datasource.ds2.type=com.alibaba.druid.pool.DruidDataSource
spring.shardingsphere.datasource.ds2.driver-class-name=com.mysql.jdbc.Driver
spring.shardingsphere.datasource.ds2.url=jdbc:mysql://localhost:3306/ds2
spring.shardingsphere.datasource.ds2.username=root
spring.shardingsphere.datasource.ds2.password=root
```

同样，为了提高数据库的访问性能，我们设置了绑定表与广播表，代码如下：

```
# 设置绑定表与广播表
spring.shardingsphere.sharding.binding-tables=health_record,health_task
spring.shardingsphere.sharding.broadcast-tables=health_level
```

现在，让我们再次回想起 TableRuleConfiguration 配置，该配置中的 tableShardingStrategyConfig 表示分表策略。与用于分库策略的 databaseShardingStrategyConfig 一样，设置分表策略的方式也是指定一个用于分表的分片键及分片表达式，代码如下：

```
# 设置分表策略
spring.shardingsphere.sharding.tables.health_record.table-strategy.inline.sharding-column=record_id
spring.shardingsphere.sharding.tables.health_record.table-strategy.inline.algorithm-expression=health_record$->{record_id % 2}
```

可以看到，对 health_record 表来说，我们设置它用于分表的分片键为 record_id，以及它的分片行表达式为 health_record$->{record_id % 2}。也就是说，我们会根据

record_id 将 health_record 单表拆分成 health_record0 和 health_record1 两张分表。

基于分表策略，再加上 actualDataNodes 和 keyGeneratorConfig 配置项，我们就可以完成对 health_record 表的完整分表配置，代码如下：

```
# 设置表分片规则
spring.shardingsphere.sharding.tables.health_record.actual-data-nodes=ds2.health_record$->{0..1}
spring.shardingsphere.sharding.tables.health_record.table-strategy.inline.sharding-column=record_id
spring.shardingsphere.sharding.tables.health_record.table-strategy.inline.algorithm-expression=health_record$->{record_id % 2}
spring.shardingsphere.sharding.tables.health_record.key-generator.column=record_id
spring.shardingsphere.sharding.tables.health_record.key-generator.type=SNOWFLAKE
spring.shardingsphere.sharding.tables.health_record.key-generator.props.worker.id=33
```

对 health_task 表来说，可以采用同样的配置方法完成分表操作，代码如下：

```
# 设置表分片规则和分布式主键策略
spring.shardingsphere.sharding.tables.health_task.actual-data-nodes=ds2.health_task$->{0..1}
spring.shardingsphere.sharding.tables.health_task.table-strategy.inline.sharding-column=record_id
spring.shardingsphere.sharding.tables.health_task.table-strategy.inline.algorithm-expression=health_task$->{record_id % 2}
spring.shardingsphere.sharding.tables.health_task.key-generator.column=task_id
spring.shardingsphere.sharding.tables.health_task.key-generator.type=SNOWFLAKE
spring.shardingsphere.sharding.tables.health_task.key-generator.props.worker.id=33
```

可以看到，因为 health_task 与 health_record 是互为绑定表，所以在 health_task 表的配置中同样基于 record_id 列进行分片。也就是我们会根据 record_id 将 health_task 单表拆分成 health_task0 和 health_task1 两张分表。当然，自增键的生成列还是需要设置成 health_task 表中的 task_id 字段。

这样，完整的分表配置就完成了。现在，重新执行 HealthRecordTest 单元测试，会发现已经对数据进行了正确的分表。图 4-22 和图 4-23 所示为分表之后的 health_record0 表和 health_record1 表。

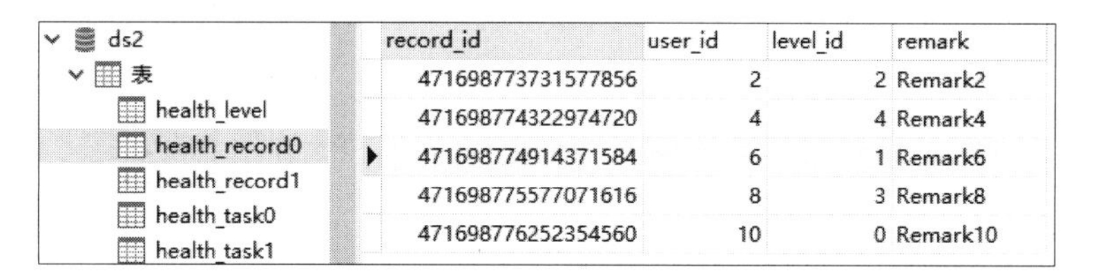

record_id	user_id	level_id	remark
471698773731577856	2	2	Remark2
471698774322974720	4	4	Remark4
471698774914371584	6	1	Remark6
471698775577071616	8	3	Remark8
471698776252354560	10	0	Remark10

图 4-22　ds2 中的 health_record0 表

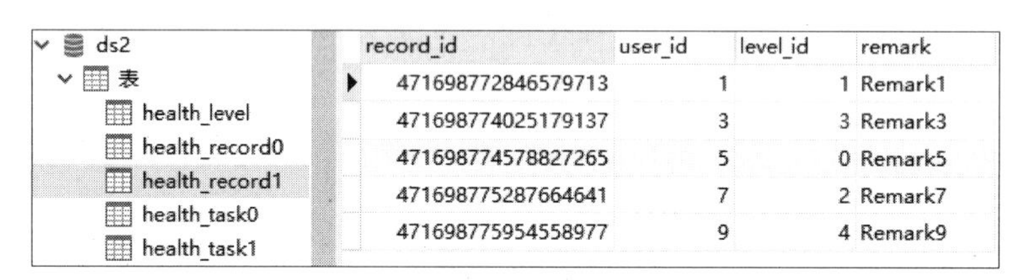

record_id	user_id	level_id	remark
471698772846579713	1	1	Remark1
471698774025179137	3	3	Remark3
471698774578827265	5	0	Remark5
471698775287664641	7	2	Remark7
471698775954558977	9	4	Remark9

图 4-23　ds2 中的 health_record1 表

图 4-24 和图 4-25 所示为分表之后的 health_task0 表和 health_task1 表。

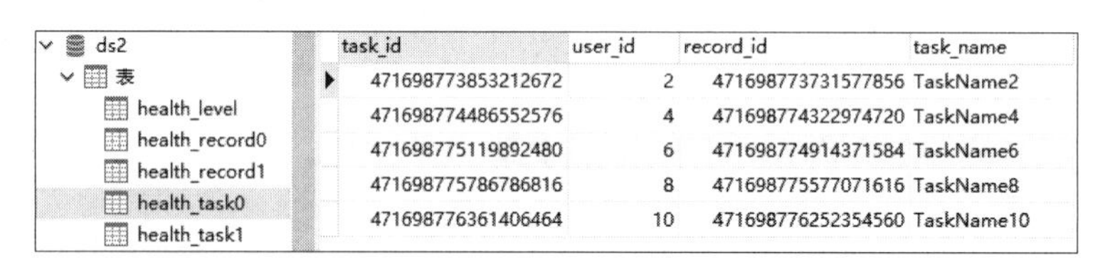

task_id	user_id	record_id	task_name
471698773853212672	2	471698773731577856	TaskName2
471698774486552576	4	471698774322974720	TaskName4
471698775119892480	6	471698774914371584	TaskName6
471698775786786816	8	471698775577071616	TaskName8
471698776361406464	10	471698776252354560	TaskName10

图 4-24　ds2 中的 health_task0 表

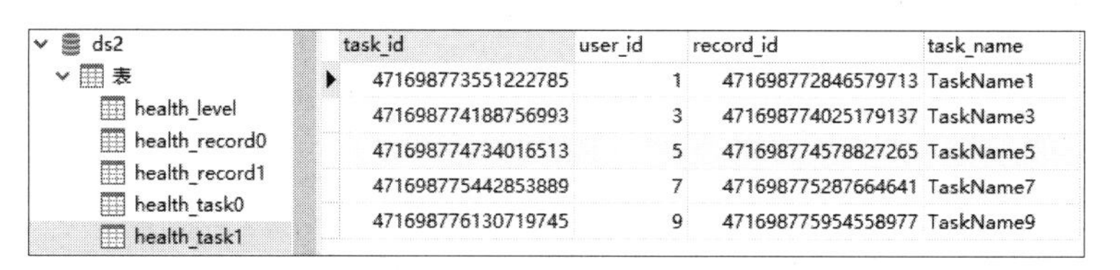

task_id	user_id	record_id	task_name
471698773551222785	1	471698772846579713	TaskName1
471698774188756993	3	471698774025179137	TaskName3
471698774734016513	5	471698774578827265	TaskName5
471698775442853889	7	471698775287664641	TaskName7
471698776130719745	9	471698775954558977	TaskName9

图 4-25　ds2 中的 health_task1 表

4.5 分片改造之实现分库+分表

在完成独立的分库和分表操作之后，系统改造的第三步尝试把分库和分表结合起来。虽然这个过程听起来比较复杂，但事实上基于 ShardingSphere 提供的强大配置体系，开发人员只要将分库和分表的配置项整合在一起即可。这里我们重新创建 3 个新的数据源，分别为 ds3、ds4 和 ds5，代码如下：

```
spring.shardingsphere.datasource.names=ds3,ds4,ds5

# 配置数据源 ds3
spring.shardingsphere.datasource.ds3.type=com.alibaba.druid.pool.DruidDataSource
spring.shardingsphere.datasource.ds3.driver-class-name=com.mysql.jdbc.Driver
spring.shardingsphere.datasource.ds3.url=jdbc:mysql://localhost:3306/ds3
spring.shardingsphere.datasource.ds3.username=root
spring.shardingsphere.datasource.ds3.password=root

# 配置数据源 ds4
spring.shardingsphere.datasource.ds4.type=com.alibaba.druid.pool.DruidDataSource
spring.shardingsphere.datasource.ds4.driver-class-name=com.mysql.jdbc.Driver
spring.shardingsphere.datasource.ds4.url=jdbc:mysql://localhost:3306/ds4
spring.shardingsphere.datasource.ds4.username=root
spring.shardingsphere.datasource.ds4.password=root

# 配置数据源 ds5
spring.shardingsphere.datasource.ds5.type=com.alibaba.druid.pool.DruidDataSource
spring.shardingsphere.datasource.ds5.driver-class-name=com.mysql.jdbc.Driver
```

```
spring.shardingsphere.datasource.ds5.url=jdbc:mysql://localhost:330
6/ds5
spring.shardingsphere.datasource.ds5.username=root
spring.shardingsphere.datasource.ds5.password=root
```

现在有 ds3、ds4 和 ds5 共 3 个数据源，为了根据 user_id 将数据分别分片到对应的数据源，我们需要调整行表达式，这时行表达式应该为 ds$->{user_id % 3 + 3}，代码如下：

```
# 设置分库策略、绑定表与广播表
spring.shardingsphere.sharding.default-database-
strategy.inline.sharding-column=user_id
spring.shardingsphere.sharding.default-database-
strategy.inline.algorithm-expression=ds$->{user_id % 3 + 3}
spring.shardingsphere.sharding.binding-
tables=health_record,health_task
spring.shardingsphere.sharding.broadcast-tables=health_level
```

对 health_record 表和 health_task 表来说，同样需要调整对应的行表达式。我们将 actual-data-nodes 设置为 ds$->{3..5}.health_record$->{0..2}，也就是说每张原始表将被拆分成 3 张分表，代码如下：

```
# 设置表分片规则和分布式主键策略
spring.shardingsphere.sharding.tables.health_record.actual-data-
nodes=ds$->{3..5}.health_record$->{0..2}
spring.shardingsphere.sharding.tables.health_record.table-
strategy.inline.sharding-column=record_id
spring.shardingsphere.sharding.tables.health_record.table-
strategy.inline.algorithm-expression=health_record$->{record_id % 3}
spring.shardingsphere.sharding.tables.health_record.key-
generator.column=record_id
spring.shardingsphere.sharding.tables.health_record.key-
generator.type=SNOWFLAKE
spring.shardingsphere.sharding.tables.health_record.key-
generator.props.worker.id=33

spring.shardingsphere.sharding.tables.health_task.actual-data-
nodes=ds$->{3..5}.health_task$->{0..2}
```

```
spring.shardingsphere.sharding.tables.health_task.table-strategy.inline.sharding-column=record_id
spring.shardingsphere.sharding.tables.health_task.table-strategy.inline.algorithm-expression=health_task$->{record_id % 3}
spring.shardingsphere.sharding.tables.health_task.key-generator.column=task_id
spring.shardingsphere.sharding.tables.health_task.key-generator.type=SNOWFLAKE
spring.shardingsphere.sharding.tables.health_task.key-generator.props.worker.id=33
```

到这里，关于整合分库+分表的配置方案就介绍完了，可以看到这里并没有引入任何新的配置项。重新执行单元测试，看一看是否已经对数据进行了分库和分表。图 4-26、图 4-27 和图 4-28 所示为 ds3 中的 health_record0 表、health_record1 表和 health_record2 表。

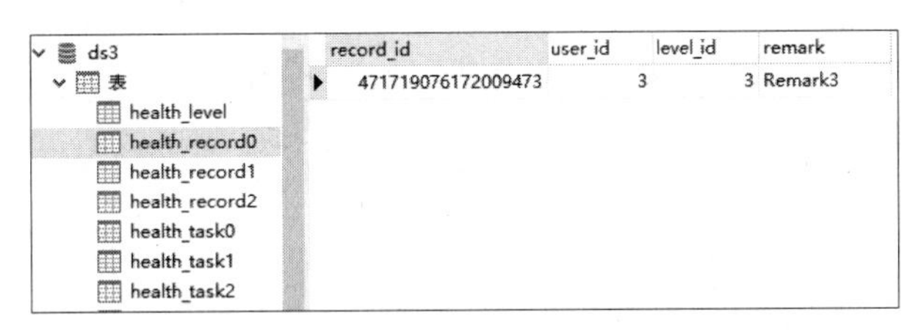

图 4-26　ds3 中的 health_record0 表

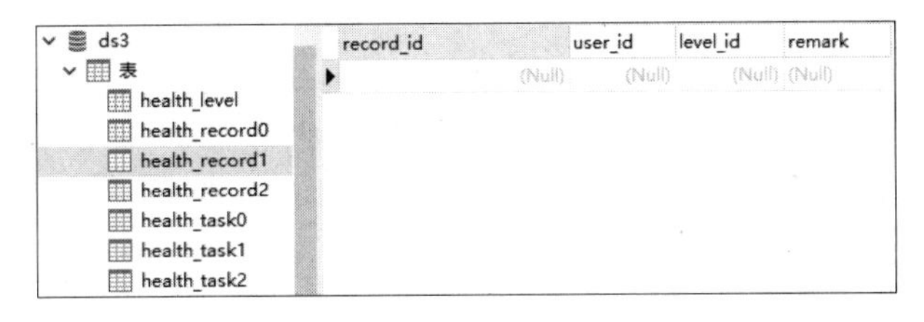

图 4-27　ds3 中的 health_record1 表

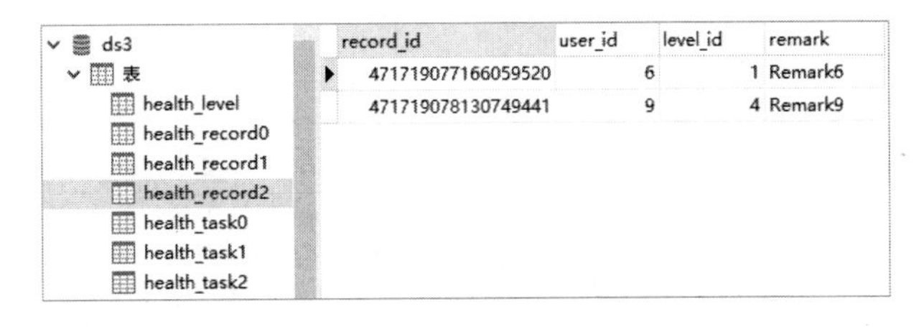

图 4-28　ds3 中的 health_record2 表

图 4-29、图 4-30 和图 4-31 所示为 ds4 中的 health_record0 表、health_record1 表和 health_record2 表。

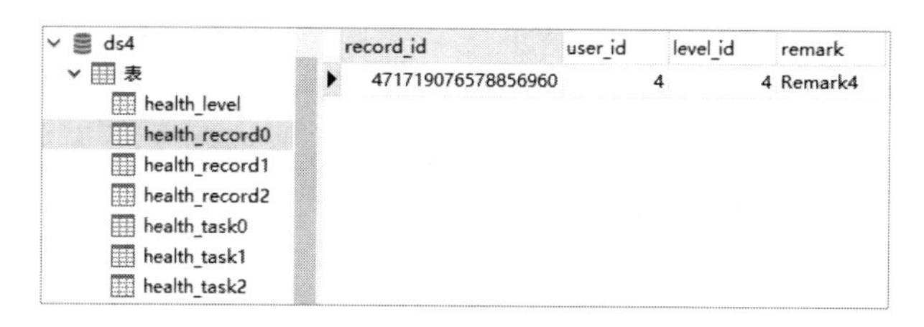

图 4-29　ds4 中的 health_record0 表

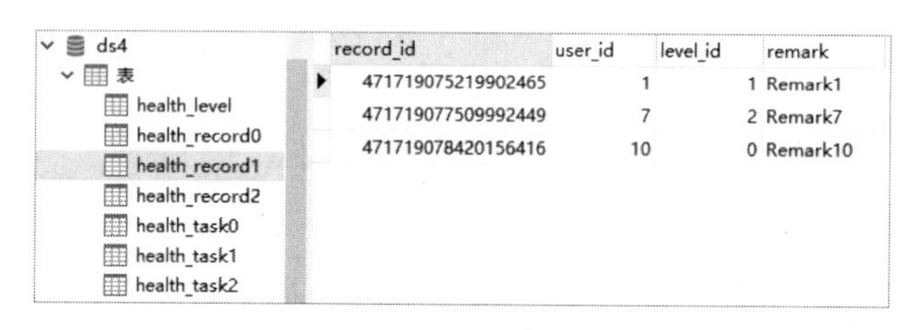

图 4-30　ds4 中的 health_record1 表

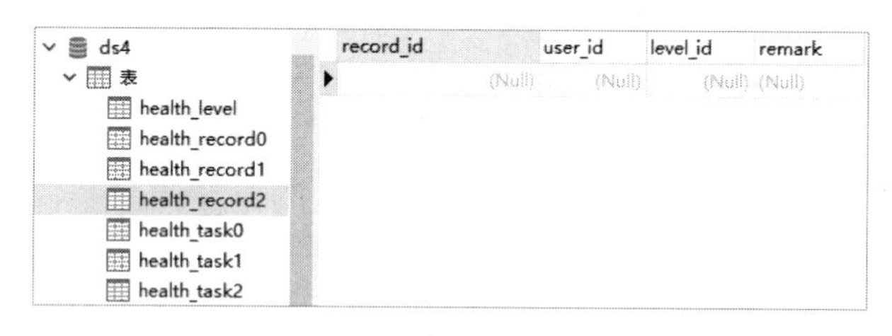

图 4-31　ds4 中的 health_record2 表

图 4-32、图 4-33 和图 4-34 所示为 ds5 中的 health_record0 表、health_record1 表和 health_record2 表。

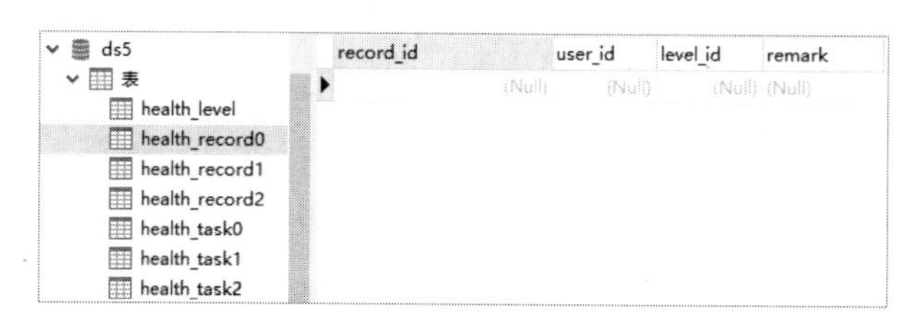

图 4-32　ds5 中的 health_record0 表

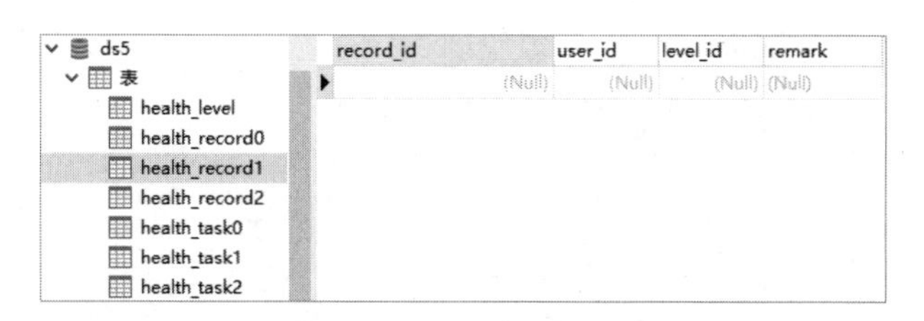

图 4-33　ds5 中的 health_record1 表

ds5
表
health_level
health_record0
health_record1
health_record2
health_task0
health_task1
health_task2

record_id	user_id	level_id	remark
471719075870019584	2	2	Remark2
471719076872458241	5	0	Remark5
471719077845536768	8	3	Remark8

图 4-34　ds5 中的 health_record2 表

对 health_task 表来说，我们得到的也是类似的分库、分表效果。

4.6　分片改造之实现强制路由

在 4.1.3 节中提到，ShardingSphere 使用 Hint 机制实现强制路由。基于 Hint 进行强制路由的设计和开发过程需要遵循一定的约定，同时，ShardingSphere 也提供了专门的 HintManager 工具类来简化强制路由的开发过程。

4.6.1　HintManager

HintManager 类的使用方式比较固化，我们可以通过查看源码中的类定义及核心变量来理解它所包含的操作内容，代码如下：

```
public final class HintManager implements AutoCloseable {

    //基于 ThreadLocal 存储 HintManager 实例
    private static final ThreadLocal<HintManager>
HINT_MANAGER_HOLDER = new ThreadLocal<>();
```

```
    //数据库分片值
    private final Multimap<String, Comparable<?>>
databaseShardingValues = HashMultimap.create();
    //数据表分片值
    private final Multimap<String, Comparable<?>>
tableShardingValues = HashMultimap.create();
    //是否只有数据库分片
    private boolean databaseShardingOnly;
    //是否只路由主库
    private boolean masterRouteOnly;
    …
}
```

在变量的定义上，我们注意到 HintManager 类使用了 ThreadLocal 来保存 HintManager 实例。显然，基于这种处理方式，所有分片信息的作用范围就是当前线程。我们也看到了用于分别存储数据库分片值和数据表分片值的两个 Multimap 对象，以及分别用于指定是否只有数据库分片和是否只路由主库的标志位。可以想象，HintManager 基于这些变量开放了一组 get()/set()方法供开发人员根据具体业务场景进行分片键的设置。

同时，在类的定义上，我们也注意到 HintManager 实现了 AutoCloseable 接口，这个接口是 JDK7 中引入的一个新接口，用于自动释放资源。AutoCloseable 接口只有一个 close()方法，我们可以使用这个方法来释放自定义的各种资源，代码如下：

```
public interface AutoCloseable {
    void close() throws Exception;
}
```

在 JDK1.7 版本之前，我们需要手动通过 try/catch/finally 中的 finally 语句释放资源。如果使用 AutoCloseable 接口，则在 try 语句结束时，不需要实现 finally 语句就会自动关闭这些资源，JDK 会通过回调的方式调用 close()方法来做到这一点。这种机制被称为 try with resource。AutoCloseable 还提供了语法糖，在 try 语句中可以同时使用多个实现这个接口的资源，并使用分号分隔。

HintManager 通过实现 AutoCloseable 接口支持资源的自动释放。事实上，JDBC 中的 Connection 接口和 Statement 接口的实现类同样也实现了 AutoCloseable 接口。

对 HintManager 来说，所谓的资源实际上就是在 ThreadLocal 中所保存的 HintManager 实例，代码如下：

```
public static void clear() {
    HINT_MANAGER_HOLDER.remove();
}

@Override
public void close() {
    HintManager.clear();
}
```

HintManager 的创建过程使用了典型的单例设计模式，通过一个静态的 getInstance()方法从 ThreadLocal 中获取或设置针对当前线程的 HintManager 实例，代码如下：

```
public static HintManager getInstance() {
    Preconditions.checkState(null == HINT_MANAGER_HOLDER.get(),
"Hint has previous value, please clear first.");
    HintManager result = new HintManager();
    HINT_MANAGER_HOLDER.set(result);
    return result;
}
```

理解了 HintManager 的基本结构之后，在应用程序中获取 HintManager 的过程就显得非常简单了，这里给出推荐的使用方式，代码如下：

```
try (HintManager hintManager = HintManager.getInstance();
     Connection connection = dataSource.getConnection();
     Statement statement = connection.createStatement()) {
     …
}
```

我们可以看到，在 try 语句中获取了 HintManager 实例、Connection 实例和 Statement 实例，然后就可以基于这些实例来完成具体的 SQL 语句的执行。

4.6.2 实现并配置强制路由分片算法

开发基于 Hint 的强制路由的基础还是配置。在介绍与 Hint 相关的配置项之前，让我们回想在 2.2.2 节中介绍的 TableRuleConfiguration。我们知道 TableRuleConfiguration 包含两个 ShardingStrategyConfiguration，分别用于设置分库策略和分表策略。而 ShardingSphere 专门提供了 HintShardingStrategyConfiguration 用于完成 Hint 的分片策略配置，代码如下：

```
    public final class HintShardingStrategyConfiguration implements
ShardingStrategyConfiguration {
        private final HintShardingAlgorithm shardingAlgorithm;

        public HintShardingStrategyConfiguration(final
HintShardingAlgorithm shardingAlgorithm) {
            Preconditions.checkNotNull(shardingAlgorithm,
"ShardingAlgorithm is required.");
            this.shardingAlgorithm = shardingAlgorithm;
        }
    }
```

可以看到，HintShardingStrategyConfiguration 需要设置一个 HintShardingAlgorithm。我们已经在 4.1.2 节中对 HintShardingAlgorithm 进行了介绍。在 ShardingSphere 中内置了一个 HintShardingAlgorithm 的实现类 DefaultHintShardingAlgorithm，但这个实现类并没有执行任何分片逻辑，而只是将传入的所有 availableTargetNames 直接返回，代码如下：

```
    public final class DefaultHintShardingAlgorithm implements
HintShardingAlgorithm<Integer> {

        @Override
        public Collection<String> doSharding(final Collection<String>
availableTargetNames, final HintShardingValue<Integer> shardingValue) {
            return availableTargetNames;
        }
    }
```

我们可以根据需要提供 HintShardingAlgorithm 实现类并集成到 HintSharding-

StrategyConfiguration 中。例如，我们可以对比所有可用的分库分表键值，然后与传入的强制分片键进行精准匹配，从而确定目标库表信息，代码如下：

```
    public final class MatchHintShardingAlgorithm implements
HintShardingAlgorithm<Long> {

        @Override
        public Collection<String> doSharding(final Collection<String>
availableTargetNames, final HintShardingValue<Long> shardingValue) {
            Collection<String> result = new ArrayList<>();
            for (String each : availableTargetNames) {
                for (Long value : shardingValue.getValues()) {
                    if (each.endsWith(String.valueOf(value))) {
                        result.add(each);
                    }
                }
            }
            return result;
        }
    }
```

一旦提供了自定义的 HintShardingAlgorithm 实现类，就需要将它添加到配置体系中。在这里，我们基于 Yaml 配置风格来完成这一操作，代码如下：

```
    defaultDatabaseStrategy:
        hint:
          algorithmClassName:
com.tianyilan.shardingsphere.demo.hint.MatchHintShardingAlgorithm
```

ShardingSphere 在进行路由时，如果发现 TableRuleConfiguration 中设置了 Hint 的分片算法，就会从 HintManager 中获取分片值并进行路由操作。

4.6.3 基于强制路由访问目标库表

在掌握了强制路由的基本原理和开发过程之后，让我们来看一个具体实例。这里以针对数据库的强制路由为例，给出具体的实现过程。为了更好地组织代码结构，我们先来构建两个 Helper 类，一个是用于获取 DataSource 的 DataSourceHelper。在这个

Helper 类中，通过加载 yaml 配置文件完成 DataSource 的构建，代码如下：

```
    public class DataSourceHelper {

        static DataSource getDataSourceForShardingDatabases() throws
IOException, SQLException {
            return YamlShardingDataSourceFactory.createDataSource
(getFile("/META-INF/hint-databases.yaml"));
        }

        private static File getFile(final String configFile) {
            return new File(Thread.currentThread().getClass().
getResource(configFile).getFile());
        }
    }
```

这里用到了 YamlShardingDataSourceFactory 工厂类，针对 Yaml 配置的实现方案大家可以回顾 2.2.4 节中关于 ShardingSphere 配置体系中的内容。

另一个 Helper 类是包装 HintManager 的 HintManagerHelper。在这个帮助类中，我们通过使用 HintManager 开放的 setDatabaseShardingValue 完成数据库分片值的设置，代码如下：

```
    public class HintManagerHelper {

        static void initializeHintManagerForShardingDatabases(final
HintManager hintManager) {
            hintManager.setDatabaseShardingValue(1L);
        }
    }
```

在这个实例中，我们只想从第一个库中获取目标数据。HintManager 还提供了 addDatabaseShardingValue()和 addTableShardingValue()等方法设置强制路由的分片值。

最后，我们构建一个 HintService 类完成整个强制路由流程的封装，代码如下：

```
    public class HintService {

        private static void processWithHintValueForShardingDatabases()
throws SQLException, IOException {
```

```
        DataSource dataSource =
DataSourceHelper.getDataSourceForShardingDatabases();
        try (HintManager hintManager = HintManager.getInstance();
            Connection connection = dataSource.getConnection();
            Statement statement = connection.createStatement()) {
            HintManagerHelper.
initializeHintManagerForShardingDatabases(hintManager);

            ResultSet result = statement.executeQuery("select * from
health_record");

            while (result.next()) {
              System.out.println(result.getInt(0) +
result.getString(1));
            }
        }
    }
}
```

可以看到，在 processWithHintValueForShardingDatabases()方法中，首先通过 DataSourceHelper 获取目标 DataSource。然后使用 try with resource 机制在 try 语句中获取 HintManager 实例、Connection 实例和 Statement 实例，并通过 HintManagerHelper 帮助类设置强制路由的分片值。最后通过 Statement 执行一个全表查询，并输出查询结果：

```
INFO 20024 --- [main] ShardingSphere-SQL : Logic SQL: select
user_id, user_name from user
…
INFO 20024 --- [main] ShardingSphere-SQL : Actual SQL: ds1 :::
select user_id, user_name from user
6: user_6
7: user_7
8: user_8
9: user_9
10: user_10
```

从获取的执行过程日志信息中可以看到，原始的逻辑 SQL 语句是“select user_id,

user_name from user”，而真正执行的 SQL 语句则是“: ds1 ::: select user_id, user_name from user”。显然，强制路由发生了效果，我们获取的只是 ds1 中的所有 User 信息。

4.7 本章小结

本章首先介绍了 ShardingSphere 数据分片相关的核心概念，理解这些概念是正确应用 ShardingSphere 的前提。

然后，从单库单表架构讲起，基于一个典型的业务场景梳理数据操作的需求，并给出实例代码。我们先关注如何实现分库操作，通过引入 ShardingSphere 强大的配置体系实现了分库效果。有了分库的实践经验，要完成分表及分库+分表是比较容易的，所做的工作只是调整和设置对应的配置项。而强制路由是一种新的路由机制，通过较大的篇幅来对它的概念和实现方法进行了介绍，并结合业务场景给出了实例分析。

ShardingSphere 读写分离

为了应对高并发场景下的数据库访问需求，读写分离架构是现代数据库架构的一个重要组成部分。对 ShardingSphere 来说，支持主从架构下的读写分离是一项核心功能。目前，ShardingSphere 支持单主库、多从库的主从架构来完成分片环境下的读写分离，暂时不支持多主库的应用场景。

和数据分片一样，读写分离也是 ShardingSphere 的一项独立功能。开发人员可以基于读写分离的基础用法来单独使用这项功能。但更多的时候，我们可以将读写分离和数据分片机制结合在一起使用。同时，在某些特定的场景下，读写分离也可以集成强制路由机制。

5.1 读写分离与 ShardingSphere

基于 ShardingSphere 提供的读写分离方案，开发人员也只需要通过配置就能实现这一功能。

5.1.1 读写分离方案

在数据库主从架构中，因为从库一般会有多个，所以当执行一条面向从库的 SQL 语句时，需要实现一套负载均衡机制来完成对目标从库的路由。ShardingSphere 默认提供了随机（Random）和轮询（RoundRobin）两种负载均衡算法来完成这一目标。

另外，由于主库和从库之间存在一定的同步时延和数据不一致情况，所以在有些场景下，我们可能更希望从主库中获取最新的数据。ShardingSphere 同样考虑到了这方面的需求，开发人员可以通过第 4 章介绍的 Hint 机制来实现对主库的强制路由。

5.1.2 配置读写分离

在 ShardingSphere 中，实现读写分离要做的还是配置工作。通过配置，我们的目标是获取支持读写分离的 MasterSlaveDataSource，而 MasterSlaveDataSource 的创建依赖于 MasterSlaveDataSourceFactory 工厂类，代码如下：

```
public final class MasterSlaveDataSourceFactory {

    public static DataSource createDataSource(final Map<String, DataSource> dataSourceMap, final MasterSlaveRuleConfiguration masterSlaveRuleConfig, final Properties props) throws SQLException {
        return new MasterSlaveDataSource(dataSourceMap, new MasterSlaveRule(masterSlaveRuleConfig), props);
    }
}
```

可以看到，在 createDataSource()方法中传入了 3 个参数，除了熟悉的 dataSourceMap 和 props，还有一个 MasterSlaveRuleConfiguration，而 MasterSlaveRuleConfiguration 包含了所有我们需要配置的读写分离信息，代码如下：

```
public class MasterSlaveRuleConfiguration implements RuleConfiguration {
    //读写分离数据源名称
    private final String name;
    //主库数据源名称
    private final String masterDataSourceName;
```

```
    //从库数据源名称列表
    private final List<String> slaveDataSourceNames;
    //从库负载均衡算法
    private final LoadBalanceStrategyConfiguration
loadBalanceStrategyConfiguration;
    …
}
```

从 MasterSlaveRuleConfiguration 类所定义的变量中不难看出，我们需要配置读写分离数据源名称、主库数据源名称、从库数据源名称列表及从库负载均衡算法 4 个配置项。

5.2 读写分离的基础用法

在 ShardingSphere 中，读写分离是一项比较独立的功能。本节先来介绍如何在实例中集成读写分离的基础用法。

5.2.1 读写分离的使用方法

在掌握了读写分离的基本概念及相关配置项之后，我们通过实例看一看如何在单库单表架构中引入读写分离机制，这是读写分离最基础的使用方法。

设置用于实现读写分离的数据源。为了演示一主多从架构，初始化一个主数据源 dsmaster 及两个从数据源 dsslave0 和 dsslave1，代码如下：

```
spring.shardingsphere.datasource.names=dsmaster,dsslave0,dsslave1

# 配置数据源 dsmaster
spring.shardingsphere.datasource.dsmaster.type=com.alibaba.druid.po
ol.DruidDataSource
spring.shardingsphere.datasource.dsmaster.driver-class-
name=com.mysql.jdbc.Driver
```

```
spring.shardingsphere.datasource.dsmaster.url=jdbc:mysql://localhos
t:3306/dsmaster
spring.shardingsphere.datasource.dsmaster.username=root
spring.shardingsphere.datasource.dsmaster.password=root

# 配置数据源 dsslave0
spring.shardingsphere.datasource.dsslave0.type=com.alibaba.druid.po
ol.DruidDataSource
spring.shardingsphere.datasource.dsslave0.driver-class-
name=com.mysql.jdbc.Driver
spring.shardingsphere.datasource.dsslave0.url=jdbc:mysql://localhos
t:3306/dsslave0
spring.shardingsphere.datasource.dsslave0.username=root
spring.shardingsphere.datasource.dsslave0.password=root

# 配置数据源 dsslave1
spring.shardingsphere.datasource.dsslave1.type=com.alibaba.druid.po
ol.DruidDataSource
spring.shardingsphere.datasource.dsslave1.driver-class-
name=com.mysql.jdbc.Driver
spring.shardingsphere.datasource.dsslave1.url=jdbc:mysql://localhos
t:3306/dsslave1?serverTimezone=UTC&useSSL=false&useUnicode=true&charact
erEncoding=UTF-8
spring.shardingsphere.datasource.dsslave1.username=root
spring.shardingsphere.datasource.dsslave1.password=root
```

有了数据源之后，就需要设置 MasterSlaveRuleConfiguration 类中所指定的 4 个配置项，这里使用随机（Random）负载均衡算法，代码如下：

```
# 配置读写分离规则
spring.shardingsphere.masterslave.name=health_ms
spring.shardingsphere.masterslave.master-data-source-name=dsmaster
spring.shardingsphere.masterslave.slave-data-source-
names=dsslave0,dsslave1
spring.shardingsphere.masterslave.load-balance-algorithm-
type=random
```

现在插入 User 对象，从控制台的日志中可以看到 ShardingSphere 执行的路由类型是 master-slave，而具体 SQL 语句的执行是发生在 dsmaster 主库中：

```
INFO 4392 --- [main] ShardingSphere-SQL : Rule Type: master-slave
INFO 4392 --- [main] ShardingSphere-SQL : SQL: INSERT INTO user
(user_id, user_name) VALUES (?, ?) ::: DataSources: dsmaster
Insert User:1
INFO 4392 --- [ main] ShardingSphere-SQL : Rule Type: master-slave
INFO 4392 --- [ main] ShardingSphere-SQL : SQL: INSERT INTO user
(user_id, user_name) VALUES (?, ?) ::: DataSources: dsmaster
Insert User:2
…
```

再对 User 对象执行查询操作并获取 SQL 语句执行日志：

```
INFO 3364 --- [main] ShardingSphere-SQL : Rule Type: master-slave
INFO 3364 --- [main] ShardingSphere-SQL : SQL: SELECT * FROM
user; ::: DataSources: dsslave0
```

可以看到，这里用到的 DataSource 是 dsslave0 从库，也就是查询操作发生在了 dsslave0 从库中。因为使用的是随机负载均衡算法，当多次执行查询操作时，目标 DataSource 会在 dsslave0 和 dsslave1 之间交替出现。

5.2.2 MasterSlaveRouter 实现原理

在 5.1.2 节中，我们给出了通过 MasterSlaveDataSourceFactory 创建 MasterSlave-DataSource 的过程，而 MasterSlaveDataSource 就包含了读写分离机制。

MasterSlaveDataSource 的定义代码如下，可以看到该类同样扩展了 AbstractDataSourceAdapter 类。我们已经在 3.1 节中对 AbstractDataSourceAdapter 及 Connection 和 Statement 的各种适配器类进行了详细讨论，这里不再赘述。

```
public class MasterSlaveDataSource extends AbstractDataSourceAdapter
{

    private final MasterSlaveRuntimeContext runtimeContext;
```

```
        public MasterSlaveDataSource(final Map<String, DataSource>
dataSourceMap, final MasterSlaveRule masterSlaveRule, final Properties
props) throws SQLException {
            super(dataSourceMap);
            runtimeContext = new MasterSlaveRuntimeContext(dataSourceMap,
masterSlaveRule, props, getDatabaseType());
        }

        @Override
        public final MasterSlaveConnection getConnection() {
            return new MasterSlaveConnection(getDataSourceMap(),
runtimeContext);
        }
    }
```

与其他 DataSource 一样，MasterSlaveDataSource 同样负责创建 RuntimeContext 上下文对象和 Connection 对象。先来看这里的 MasterSlaveRuntimeContext，这个类构建了所需的 DatabaseMetaData 并进行缓存。

然后，再来看一下 MasterSlaveConnection。与其他 Connection 类一样，这里也有一组 createStatement() 方法和 prepareStatement() 方法用来获取 Statement 和 PreparedStatement，分别对应 MasterSlaveStatement 和 MasterSlavePreparedStatement。我们来看一下 MasterSlaveStatement 的实现过程，先关注它的查询方法 executeQuery()，代码如下：

```
    @Override
    public ResultSet executeQuery(final String sql) throws SQLException
{
        if (Strings.isNullOrEmpty(sql)) {
            throw new SQLException(SQLExceptionConstant.
SQL_STRING_NULL_OR_EMPTY);
        }

        //清除 StatementExecutor 中的相关变量
        clearPrevious();

        //通过 MasterSlaveRouter 获取目标 DataSource
```

```
        Collection<String> dataSourceNames =
masterSlaveRouter.route(sql, false);
        Preconditions.checkState(1 == dataSourceNames.size(), "Cannot
support executeQuery for DML or DDL");

        //从 Connection 中获取 Statement
        Statement statement =
connection.getConnection(dataSourceNames.iterator().next()).createState
ment(resultSetType, resultSetConcurrency, resultSetHoldability);
        routedStatements.add(statement);

        //执行查询并返回结果
        return statement.executeQuery(sql);
    }
```

可以看到，这里直接通过 MasterSlaveRouter 来获取目标 DataSource。同时，我们注意到这里也是直接调用了 statement 的 executeQuery()方法完成 SQL 语句的执行。显然，这个核心步骤是通过 MasterSlaveRouter 实现的路由机制。MasterSlaveRouter 的 route()方法的代码如下：

```
    private Collection<String> route(final SQLStatement sqlStatement) {
        //如果是强制主库路由
        if (isMasterRoute(sqlStatement)) {
            MasterVisitedManager.setMasterVisited();
            return Collections.singletonList(masterSlaveRule.
getMasterDataSourceName());
        }

        //通过负载均衡算法执行从库路由
        return Collections.singletonList(masterSlaveRule.
getLoadBalanceAlgorithm().getDataSource(masterSlaveRule.getName(),
masterSlaveRule.getMasterDataSourceName(), new ArrayList<>
(masterSlaveRule.getSlaveDataSourceNames())));
    }
```

这里就引出了读写分离机制下非常重要的一个概念，即负载均衡算法。MasterSlaveLoadBalanceAlgorithm 接口位于 sharding-core-api 代码工程中，其定义代码如下：

```
    public interface MasterSlaveLoadBalanceAlgorithm extends
TypeBasedSPI
    {
        // 在从库列表中选择一个从库进行路由
        String getDataSource(String name, String masterDataSourceName,
List<String> slaveDataSourceNames);
    }
```

可以看到，MasterSlaveLoadBalanceAlgorithm 接口继承了 TypeBasedSPI 接口，表示它是一个 SPI。然后它的参数中包含了一个 MasterDataSourceName 和一些 SlaveDataSourceNames，最终返回一个 SlaveDataSourceNames。

ShardingSphere 提供了两个 MasterSlaveLoadBalanceAlgorithm 的实现类，一个是支持随机算法的 RandomMasterSlaveLoadBalanceAlgorithm，另一个则是支持轮询算法的 RoundRobinMasterSlaveLoadBalanceAlgorithm。

我们在 sharding-core-common 代码工程中发现了对应的 ServiceLoader 类 MasterSlaveLoadBalanceAlgorithmServiceLoader。而具体 MasterSlaveLoadBalanceAlgorithm 实现类是在 MasterSlaveRule 中获取的。需要注意的是，在日常开发过程中，我们实际上可以不通过配置体系设置这个负载均衡算法，也能正常运行负载均衡策略。MasterSlaveRule 中的 createMasterSlaveLoadBalanceAlgorithm()方法给出了答案，代码如下：

```
    private MasterSlaveLoadBalanceAlgorithm
createMasterSlaveLoadBalanceAlgorithm(final
LoadBalanceStrategyConfiguration loadBalanceStrategyConfiguration) {
        //获取 MasterSlaveLoadBalanceAlgorithmServiceLoader
        MasterSlaveLoadBalanceAlgorithmServiceLoader serviceLoader = new
MasterSlaveLoadBalanceAlgorithmServiceLoader();

        //根据配置来动态加载负载均衡算法实现类
        return null == loadBalanceStrategyConfiguration
                ? serviceLoader.newService() :
serviceLoader.newService(loadBalanceStrategyConfiguration.getType(),
loadBalanceStrategyConfiguration.getProperties());
```

```
}
```

可以看到，当 loadBalanceStrategyConfiguration 配置不存在时，可以直接使用 serviceLoader.newService()方法完成 SPI 实例的创建。我们回顾 3.2 节中关于微内核架构模式的介绍，就会知道该方法会获取系统第一个可用的 SPI 实例。

我们同样在 sharding-core-common 代码工程中找到了 SPI 的配置信息，如图 5-1 所示。

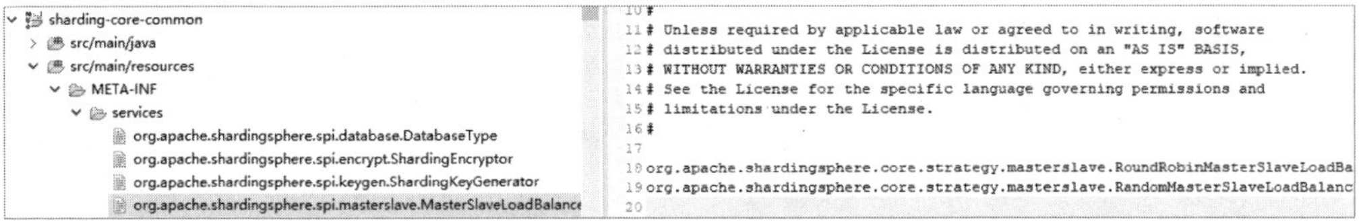

```
sharding-core-common
  src/main/java
  src/main/resources
    META-INF
      services
        org.apache.shardingsphere.spi.database.DatabaseType
        org.apache.shardingsphere.spi.encrypt.ShardingEncryptor
        org.apache.shardingsphere.spi.keygen.ShardingKeyGenerator
        org.apache.shardingsphere.spi.masterslave.MasterSlaveLoadBalance
```

```
10 #
11 # Unless required by applicable law or agreed to in writing, software
12 # distributed under the License is distributed on an "AS IS" BASIS,
13 # WITHOUT WARRANTIES OR CONDITIONS OF ANY KIND, either express or implied.
14 # See the License for the specific language governing permissions and
15 # limitations under the License.
16 #
17
18 org.apache.shardingsphere.core.strategy.masterslave.RoundRobinMasterSlaveLoadBa
19 org.apache.shardingsphere.core.strategy.masterslave.RandomMasterSlaveLoadBalanc
20
```

图 5-1　SPI 的配置信息

按照这里的配置信息，第一个获取的 SPI 实例应该是 RoundRobinMasterSlaveLoadBalanceAlgorithm，即轮询策略。它的 getDataSource()方法实现代码如下：

```
@Override
public String getDataSource(final String name, final String
masterDataSourceName, final List<String> slaveDataSourceNames) {

    AtomicInteger count = COUNTS.containsKey(name) ?
COUNTS.get(name) : new AtomicInteger(0);
    COUNTS.putIfAbsent(name, count);
    count.compareAndSet(slaveDataSourceNames.size(), 0);
    return
slaveDataSourceNames.get(Math.abs(count.getAndIncrement()) %
slaveDataSourceNames.size());
}
```

当然，我们也可以通过配置选择随机访问策略，使用 RandomMasterSlaveLoadBalanceAlgorithm 的 getDataSource()方法可以更加简单地配置选择随机访问策略，代码如下：

```
@Override
public String getDataSource(final String name, final String
masterDataSourceName, final List<String> slaveDataSourceNames) {
```

```
        return slaveDataSourceNames.get
(ThreadLocalRandom.current().nextInt(slaveDataSourceNames.size()));
    }
```

通过 LoadBalanceAlgorithm，我们可以确定 dataSourceNames 中的任何一个目标数据库名，就可以构建 Connection 并创建用于执行查询的 Statement。

我们再来看一下 MasterSlaveStatement 的 executeUpdate()方法，代码如下：

```
    @Override
    public int executeUpdate(final String sql) throws SQLException {

        //清除 StatementExecutor 中的相关变量
        clearPrevious();

        int result = 0;
        for (String each : masterSlaveRouter.route(sql, false)) {

            //从 Connection 中获取 Statement
            Statement statement =
connection.getConnection(each).createStatement(resultSetType,
resultSetConcurrency, resultSetHoldability);
            routedStatements.add(statement);

            //执行更新操作
            result += statement.executeUpdate(sql);
        }
        return result;
    }
```

这里的流程是直接通过 masterSlaveRouter 获取各个目标数据库，然后分别构建 Statement。

同样，我们来看一下 MasterSlavePreparedStatement 类，先来看一下该类中的一个构造函数（其余的也类似），代码如下：

```
    public MasterSlavePreparedStatement(
    final MasterSlaveConnection connection, final String sql, final int
resultSetType, final int resultSetConcurrency, final int
resultSetHoldability) throws SQLException {
```

```
        if (Strings.isNullOrEmpty(sql)) {
            throw new SQLException(SQLExceptionConstant.
SQL_STRING_NULL_OR_EMPTY);
        }
        this.connection = connection;

        //创建 MasterSlaveRouter
        masterSlaveRouter = new
MasterSlaveRouter(connection.getRuntimeContext().getRule(),
connection.getRuntimeContext().getParseEngine(),
connection.getRuntimeContext().getProps().
<Boolean>getValue(ShardingPropertiesConstant.SQL_SHOW));
        for (String each : masterSlaveRouter.route(sql, true)) {
            //对每个目标 DataSource 从 Connection 中获取 PreparedStatement
            PreparedStatement preparedStatement =
connection.getConnection(each).prepareStatement(sql, resultSetType,
resultSetConcurrency, resultSetHoldability);
            routedStatements.add(preparedStatement);
        }
    }
```

可以看到，这里构建了 MasterSlaveRouter，然后对于通过 MasterSlaveRouter 路由获取的每个数据库，分别创建一个 PreparedStatement 并保存到 routedStatements 列表中。

然后，我们来看一下 MasterSlavePreparedStatement 的 executeQuery()方法，代码如下：

```
    @Override
    public ResultSet executeQuery() throws SQLException {

        Preconditions.checkArgument(1 == routedStatements.size(),
"Cannot support executeQuery for DDL");
        return routedStatements.iterator().next().executeQuery();
    }
```

对上述 executeQuery()方法来说，我们只需要获取 routedStatements 中的任何一个 PreparedStatement 进行执行即可。而对 executeUpdate()方法来说，MasterSlave-

PreparedStatement 的执行流程也与 MasterSlaveStatement 的执行流程一致，代码如下：

```
@Override
public int executeUpdate() throws SQLException {
    int result = 0;
    for (PreparedStatement each : routedStatements) {
        result += each.executeUpdate();
    }
    return result;
}
```

至此，关于 ShardingSphere 读写分离相关的核心类及主要流程已经介绍完了。总体来说，由于这部分内容不涉及分片操作，所以整体结构还是比较直接、明确的。图 5-2 所示为读写分离核心类的类层结构。

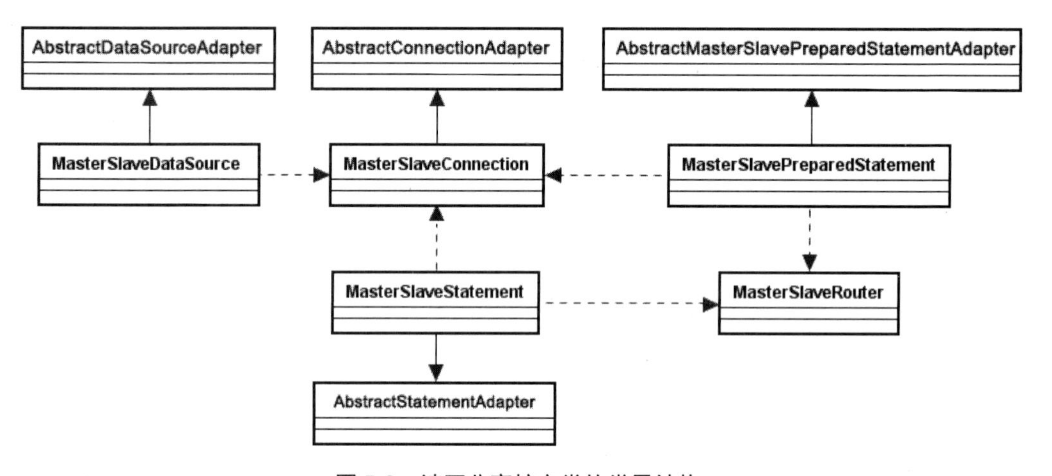

图 5-2　读写分离核心类的类层结构

5.3　读写分离集成数据分片

读写分离功能可以独立使用，但我们同样可以在分库分表的基础上添加这一功能。本节将介绍读写分离集成数据分片的实现方法。

5.3.1　读写分离集成数据分片的实现方法

下面设置两个主数据源 dsmaster0 和 dsmaster1，然后针对每个主数据源分别设置两个从数据源，代码如下：

```
spring.shardingsphere.datasource.names=dsmaster0,dsmaster1,dsmaster0-slave0,dsmaster0-slave1,dsmaster1-slave0,dsmaster1-slave1
```

这时的库分片策略 default-database-strategy 同样分别指向 dsmaster0 和 dsmaster1 两个主数据源，代码如下：

```
# 设置分库策略
spring.shardingsphere.sharding.default-database-strategy.inline.sharding-column=user_id
spring.shardingsphere.sharding.default-database-strategy.inline.algorithm-expression=dsmaster$->{user_id % 2}
```

而对表分片策略来说，我们还是使用在 4.3 节中介绍的分片方式进行设置，代码如下：

```
# 设置分表策略
spring.shardingsphere.sharding.tables.health_record.actual-data-nodes=dsmaster$->{0..1}.health_record$->{0..1}
spring.shardingsphere.sharding.tables.health_record.table-strategy.inline.sharding-column=record_id
spring.shardingsphere.sharding.tables.health_record.table-strategy.inline.algorithm-expression=health_record$->{record_id % 2}
```

最后，同样需要设置两个主数据源对应的配置项，代码如下：

```
# 设置读写分离策略
spring.shardingsphere.sharding.master-slave-rules.dsmaster0.master-data-source-name=dsmaster0
spring.shardingsphere.sharding.master-slave-rules.dsmaster0.slave-data-source-names=dsmaster0-slave0, dsmaster0-slave1
spring.shardingsphere.sharding.master-slave-rules.dsmaster1.master-data-source-name=dsmaster1
spring.shardingsphere.sharding.master-slave-rules.dsmaster1.slave-data-source-names=dsmaster1-slave0, dsmaster1-slave1
```

这样，我们就在分库分表的基础上添加了对读写分离的支持。ShardingSphere 所提供的强大配置体系使得开发人员可以在原有配置的基础上添加新的配置项，而不需要对原有配置做过多调整。

5.3.2 ShardingMasterSlaveRouter 实现原理

与不带分片的读写分离类似，ShardingSphere 也提供了一个专门的 ShardingMasterSlaveRouter 类，该类的作用是完成分片条件下的主从路由。我们来看一下 ShardingMasterSlaveRouter 类。从效果上讲，读写分离实际上也是一种路由策略，所以该类同样位于 sharding-core-route 代码工程中。ShardingMasterSlaveRouter 类的入口函数 route() 的定义代码如下：

```
public SQLRouteResult route(final SQLRouteResult sqlRouteResult) {
    for (MasterSlaveRule each : masterSlaveRules) {
        //根据每条 MasterSlaveRule 执行路由方法
        route(each, sqlRouteResult);
    }
    return sqlRouteResult;
}
```

这里同样使用到了规则类 MasterSlaveRule，根据每条 MasterSlaveRule 会执行独立的 route()方法，并最终返回组合的 SQLRouteResult，代码如下：

```
private void route(final MasterSlaveRule masterSlaveRule, final
SQLRouteResult sqlRouteResult) {
    Collection<RoutingUnit> toBeRemoved = new LinkedList<>();
    Collection<RoutingUnit> toBeAdded = new LinkedList<>();
    for (RoutingUnit each :
sqlRouteResult.getRoutingResult().getRoutingUnits()) {
        if (!masterSlaveRule.getName()
                .equalsIgnoreCase(each.getDataSourceName())) {
            continue;
        }
        toBeRemoved.add(each);
        String actualDataSourceName;
```

```
            //判断 SQL 语句是否走主库
            if (isMasterRoute(sqlRouteResult.getSqlStatementContext()
                    .getSqlStatement())) {
                MasterVisitedManager.setMasterVisited();
                actualDataSourceName =
masterSlaveRule.getMasterDataSourceName();
            } else { //如果有多个从库，则默认采用轮询策略，也可以选择随机访问策略
                actualDataSourceName =
masterSlaveRule.getLoadBalanceAlgorithm().getDataSource(
                        masterSlaveRule.getName(),
masterSlaveRule.getMasterDataSourceName(), new
ArrayList<>(masterSlaveRule.getSlaveDataSourceNames()));
            }
            toBeAdded.add(createNewRoutingUnit(actualDataSourceName,
each));
        }
        sqlRouteResult.getRoutingResult()
            .getRoutingUnits().removeAll(toBeRemoved);
        sqlRouteResult.getRoutingResult()
            .getRoutingUnits().addAll(toBeAdded);
    }
```

在读写分离场景下，因为涉及路由信息的调整，所以这段代码构建了两个临时变量 toBeRemoved 和 toBeAdded，分别用于保存需要移除和需要新增的 RoutingUnit。然后，我们来计算真正需要访问的数据库名 actualDataSourceName，这里就需要判断 SQL 语句是否走主库。需要注意的是，ShardingSphere4.X 版本只支持单主库的应用场景，而从库可以有很多个。判断 SQL 语句是否走主库的 isMasterRoute()方法的代码如下：

```
    private boolean isMasterRoute(final SQLStatement sqlStatement) {
        return containsLockSegment(sqlStatement) || !(sqlStatement
instanceof SelectStatement) || MasterVisitedManager.isMasterVisited()
|| HintManager.isMasterRouteOnly();
    }
```

可以看到，这里有 4 个条件，满足任何一个条件都将确定走主库路由。前面两个条件比较好理解，后面的 MasterVisitedManager 实际上是一个线程安全的容器，包含了该线程访问是否涉及主库的信息。而基于我们对 Hint 概念和强制路由机制的理解，

HintManager 是 ShardingSphere 对数据库 Hint 访问机制的实现类，可以设置强制走主库或非查询操作走主库。

如果通过主库路由，流程就会进入从库路由。如果有多个从库，就需要采用一定的策略来确定具体的某一个从库，这时可以使用 MasterSlaveLoadBalanceAlgorithm 接口完成从库的选择。

至此，关于 ShardingMasterSlaveRouter 的内容就介绍完了，通过该类我们可以完成分片信息的主从路由，从而实现读写分离。我们发现，基于对 MasterSlaveRouter 的已有认知，ShardingMasterSlaveRouter 的实现过程非常容易理解。另外，我们在了解了分片相关的 ShardingDataSource、ShardingConnection、ShardingStatement 和 ShardingPreparedStatement 之后再来理解 ShardingMasterSlaveRouter 的内容也会变得非常简单。

5.4 读写分离集成强制路由

本节主要介绍如何基于 Hint 完成读写分离场景下的主库强制路由方案。我们可以使用 HintManager 实现主库强制路由。HintManager 专门提供了一个 setMasterRouteOnly() 方法用于将 SQL 语句强制路由到主库中，我们把这个方法也封装在 HintManagerHelper 帮助类中，代码如下：

```
public class HintManagerHelper {

    static void initializeHintManagerForMaster(final HintManager hintManager) {
        hintManager.setMasterRouteOnly();
    }
}
```

在业务代码中加入主库强制路由的功能，代码如下：

```
@Override
```

```
    public void processWithHintValueMaster() throws SQLException,
IOException {
        DataSource dataSource =
DataSourceHelper.getDataSourceForMaster();
        try (HintManager hintManager = HintManager.getInstance();
            Connection connection = dataSource.getConnection();
            Statement statement = connection.createStatement()) {
            HintManagerHelper.initializeHintManagerForMaster
(hintManager);

            ResultSet result = statement.executeQuery("select user_id,
user_name from user");

            while (result.next()) {
                System.out.println(result.getLong(1) + ": " +
result.getString(2));
            }
        }
    }
```

执行上述代码后，可以在控制台日志中获取如下所示的执行结果：

```
    INFO 16680 --- [main] ShardingSphere-SQL : Rule Type: master-slave
    INFO 16680 --- [main] ShardingSphere-SQL : SQL: select user_id,
user_name from user ::: DataSources: dsmaster
    1: user_1
    2: user_2
    …
```

显然，这里的路由类型是 master-slave，而执行 SQL 语句的 DataSource 只有 dsmaster。

5.5 本章小结

本章主要讲解 ShardingSphere 读写分离机制。读写分离既可以单独使用，也可以和分库分库组合在一起使用。我们分别针对这两种使用场景给出了具体的配置方法和实例分析，以及相应的实现原理分析。

同时，ShardingSphere 还专门提供了针对主库的强制路由，我们同样基于 HintManager 给出了这种强制路由的实现方法。

ShardingSphere 分布式事务

在传统关系型数据库中，事务是一个标准组件，几乎所有成熟的关系型数据库都提供了对本地事务的原生支持。但在分布式环境下，事情就会变得比较复杂。假设系统中存在多个独立的数据库，为了确保数据在这些独立的数据库中保持一致，需要把这些数据库纳入同一个事务中。这时本地事务就无能为力了，我们就需要使用分布式事务。

ShardingSphere 是一款分布式数据库中间件，势必需要考虑分布式事务的实现方案。本章将围绕 ShardingSphere 所提供的分布式事务功能展开讨论，包括使用 XA 实现两阶段提交事务及使用 Seata 实现最终一致性事务。

6.1 分布式事务的核心概念

分布式事务是 ShardingSphere 的一项核心功能，也是使用过程中的一个难点。在介绍具体的实现方法之前，我们先对分布式事务中的核心概念进行详细介绍。

6.1.1 ShardingSphere 中的分布式事务

关于如何实现分布式事务，业界也存在一些通用的实现机制。针对不同的实现机制，也诞生了一些供应商和开发工具。因为这些开发工具在使用方式上和实现原理上都有较大的差异性，所以开发人员的诉求在于，希望有一套统一的解决方案能够屏蔽这些差异。在设计上，ShardingSphere 从一开始就充分考虑到了开发人员的这些诉求。

1. ShardingSphere 中的事务类型

在 ShardingSphere 中，所支持的事务类型定义代码如下：

```
public enum TransactionType {

    LOCAL, XA, BASE
}
```

可以看到，除了本地事务，还提供了针对分布式事务的两种实现方案，分别是 XA 事务和柔性事务。

XA 事务提供基于两阶段提交协议的实现机制。所谓两阶段提交，就是分成两个阶段：一个是准备阶段；另一个是执行阶段。在准备阶段中，协调者发起一个提议分别询问各参与者是否接受；在执行阶段中，协调者根据参与者的反馈，提交或终止事务。如果参与者全部同意则提交事务，只要有一个参与者不同意就终止事务，如图 6-1 所示。

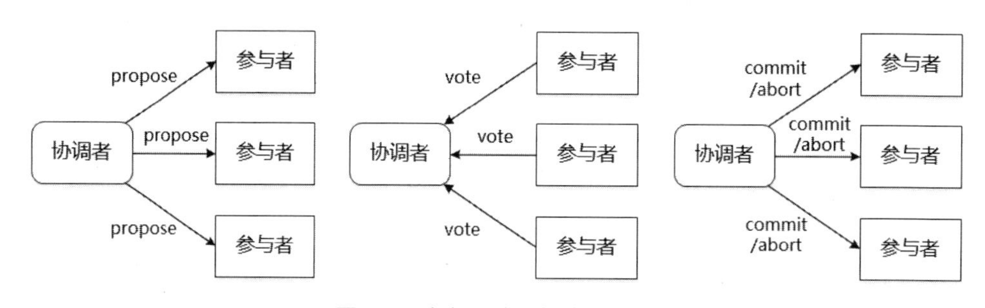

图 6-1　事务两阶段提交示意图

目前，关于如何实现 XA 事务，业界也提供了一些主流的工具库，包括 Atomikos、Narayana 和 Bitronix。ShardingSphere 对这三种工具库都进行了集成，并默认使用 Atomikos 来完成两阶段提交。

XA 事务是典型的强一致性事务，也就是完全遵循事务的 ACID 设计原则。与 XA 事务的“刚性”不同，柔性事务则遵循 BASE 设计原则，追求的是最终一致性。这里的 BASE 来源于基本可用（Basically Available）、软状态（Soft State）和最终一致性（Eventual Consistency）3 个概念。

关于如何实现基于 BASE 设计原则的柔性事务，业界也提供了一些优秀的框架，如阿里巴巴的 Seata。ShardingSphere 内部也集成了对 Seata 的支持。当然，我们也可以根据需要集成其他分布式事务类开源框架，并基于微内核架构模式嵌入 ShardingSphere 运行环境中。

2. ShardingSphere 中的事务抽象

在 ShardingSphere 中，抽象了一个分片事务管理器 ShardingTransactionManager。ShardingTransactionManager 接口位于 sharding-transaction-core 代码工程的 org.apache.shardingsphere.transaction.spi 包中，代码如下：

```
    public interface ShardingTransactionManager extends AutoCloseable {

        //根据数据库类型和 ResourceDataSource 进行初始化
        void init(DatabaseType databaseType,
Collection<ResourceDataSource> resourceDataSources);

        //获取 TransactionType
        TransactionType getTransactionType();

        //判断是否在事务中
        boolean isInTransaction();

        //获取支持事务的 Connection
        Connection getConnection(String dataSourceName) throws
SQLException;

        //开始事务
        void begin();

        //提交事务
```

```
    void commit();

    //回滚事务
    void rollback();
}
```

我们看到从 ShardingTransactionManager 接口中可以根据 DataSource 获取 Connection。同时，我们也找到了作为一个事务管理器所必需的 begin、commit 和 rollback 共 3 个基本操作。

我们通过查看 ShardingSphere 中的 ShardingTransactionManager 类层结构，发现存在两个实现类，即 XAShardingTransactionManager 和 SeataATShardingTransactionManager，如图 6-2 所示。

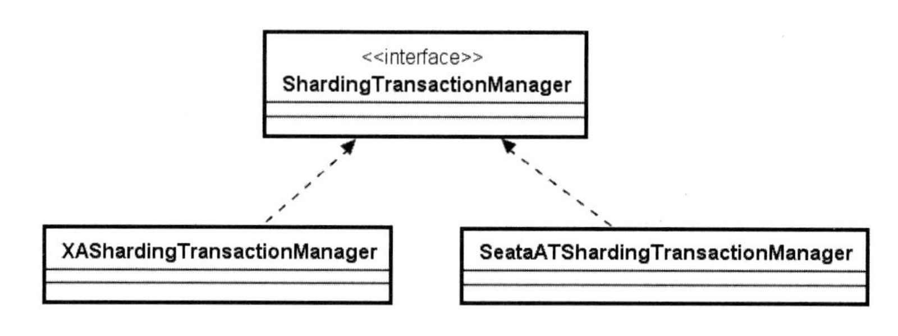

图 6-2　ShardingTransactionManager 类层结构图

图 6-2 中的 XAShardingTransactionManager 封装了基于 XA 协议的强一致性事务处理过程，而 SeataATShardingTransactionManager 则基于 Seata 框架实现了柔性事务。这两种事务的实现方式和工具完全不同，我们先要对它们的实现方案有一定的了解，才能更好地把握在 ShardingSphere 中对分布式事务处理的实现原理。

6.1.2　XA 强一致性事务实现方案

要理解 XA 强一致性事务实现方案，我们同样需要具备一定的理论知识。同时，ShardingSphere 对于 XA 事务的实现也提供了自身的一套抽象，并集成了多款主流的 XA 事务管理器。

1. XA 事务的基本概念和原理

XA 是由 X/Open 组织提出的两阶段提交协议，是一种分布式事务的规范。XA 规范主要定义了面向全局的事务管理器 TransactionManager（TM）和面向局部的资源管理器 ResourceManager（RM）之间的接口。XA 接口是双向的系统接口，在 TransactionManager 及一个或多个 ResourceManager 之间形成通信桥梁。通过这样的设计，TransactionManager 控制着全局事务，管理事务生命周期，并协调资源。而 ResourceManager 负责控制和管理包括数据库相关的各种实际资源。XA 的整体结构及 TransactionManager 和 ResourceManager 之间的交互过程如图 6-3 所示。

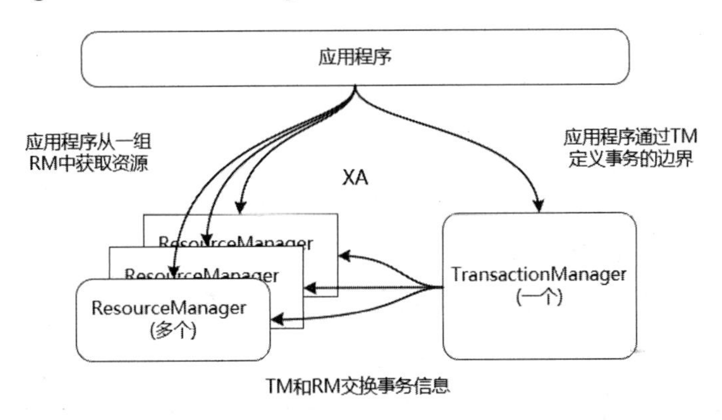

图 6-3 XA 的整体结构及 TransactionManager 和 ResourceManager 之间的交互过程

所有关于分布式事务的介绍中都必然会讲到两阶段提交，因为它是实现 XA 分布式事务的关键。我们知道在两阶段提交过程中，存在协调者和参与者两个角色。在图 6-3 中，XA 引入的 TransactionManager 相当于“协调者”角色，而 ResourceManager 相当于 “参与者”角色，对自身内部的资源进行统一管理。

理解了这些概念之后，我们再来看一下分布式事务在 Java 中是如何实现的。作为 Java 平台中的事务规范，JTA（Java Transaction API）也定义了对 XA 事务的支持。实际上，JTA 是基于 XA 架构进行建模的。在 JTA 中，事务管理器抽象为 javax.transaction.TransactionManager 接口，并通过底层事务服务进行实现。

像很多其他的 Java 规范一样，JTA 仅仅定义了接口，具体的实现则是由供应商负责提供。目前 JTA 的实现分为两大类：一类是直接集成在应用服务器中，如 JBoss；

另一类是独立实现，如 ShardingSphere 采用的 Atomikos 和 Bitronix。这些实现可以应用在不使用 J2EE 应用服务器的环境里（普通的 Java 应用程序）用以提供分布式事务保证。另外，JTA 接口中的 ResourceManager 同样需要数据库供应商提供 XA 的驱动实现。

接下来，让我们对 JTA 中的相关核心类做进一步分析，这些内容是理解 ShardingSphere 分布式事务实现机制的基础。

JTA 提供了以下 4 个核心接口。

- UserTransaction 接口：该接口是面向开发人员的接口，能够编程控制事务处理。
- TransactionManager 接口：通过 TransactionManager 接口允许应用程序服务器来控制分布式事务。
- Transaction 接口：表示正在管理应用程序的事务。
- XAResource 接口：这是一个面向供应商的实现接口，是一个基于 XA 协议的 Java 映射，各个数据库供应商在提供访问自己资源的驱动时，必须实现这样的接口。

另外，在 javax.sql 包中还有几个与 XA 相关的核心类，即表示连接的 XAConnection、表示数据源的 XADataSource 及表示事务编号的 XID。

我们采用上述核心类来简单模拟一下基于 XA 分布式事务的常见实现过程的伪代码。对一个跨库操作来说，一般可以基于 UserTransaction 接口实现如下的操作流程：

```
UserTransaction userTransaction = null;
Connection connA = null;
Connection connB = null;
try{
    userTransaction.begin();

    //实现跨库操作
    connA.execute("sql1")
    connB.execute("sql2")
```

```
    userTransaction.commit();
}catch(){
    userTransaction.rollback();
}
```

如果想要上述代码发挥作用，则这里的连接对象 Connection 就得支持 XAResource 接口，也就涉及一系列关于 XADataSource 和 XAConnection 的处理过程。

2. ShardingSphere 中的 XA 事务实现机制

ShardingSphere 提供了专门的 XAShardingTransactionManager 类来支持 XA 事务实现。XAShardingTransactionManager 类是分布式事务的 XA 实现类，主要负责对实际的 DataSource 进行管理和适配，并且将接入端事务的 begin/commit/rollback 操作委托给具体的 XA 事务管理器。例如，XAShardingTransactionManager 使用 XATransactionManager 中的 TransactionManager 完成 commit 操作，代码如下：

```
@Override
public void commit() {
   XATransactionManager.getTransactionManager().commit();
}
```

这里的 XATransactionManager 是对各种第三方 XA 事务管理器的一种抽象，封装了对 Atomikos、Bitronix 等第三方工具的实现方式。综上所述，我们梳理出了在 ShardingSphere 中 XA 两阶段提交相关的核心类之间的关系，如图 6-4 所示。

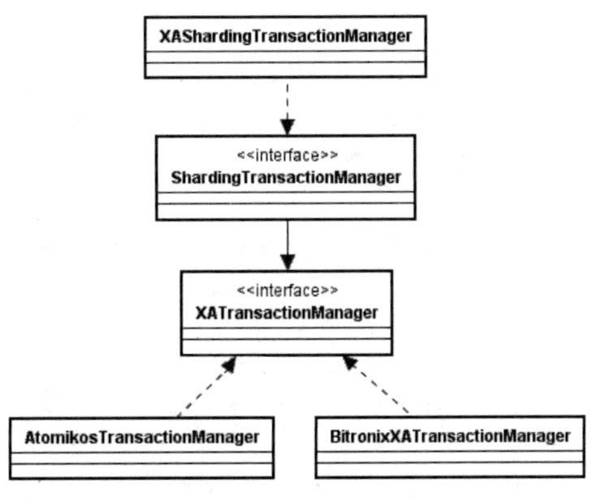

图 6-4 ShardingSphere 中 XA 两阶段提交相关的核心类之间的关系

6.1.3 BASE 柔性事务实现方案

ShardingSphere 实现的 BASE 柔性事务是基于阿里巴巴的 Seata 框架。与 XA 不同，Seata 框架中的一个分布式事务包含 3 个角色，除了 XA 中的 TransactionManager（TM）和 ResourceManager（RM），还有一个事务协调器 TransactionCoordinator （TC），维护全局事务的运行状态，负责协调并驱动全局事务的提交或回滚。其中，TM 是一个分布式事务的发起者和终结者，TC 负责维护分布式事务的运行状态，RM 负责本地事务的运行。Seata 的整体架构图如图 6-5 所示。

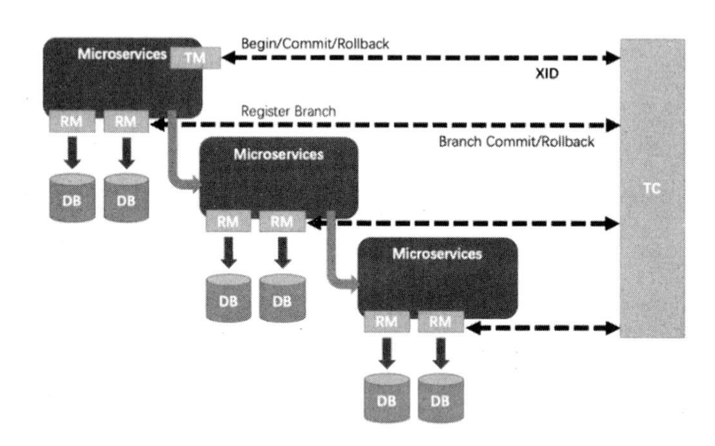

图 6-5　Seata 的整体架构图

而基于 Seata 框架，一个分布式事务的执行流程包含五大步骤，如图 6-6 所示。

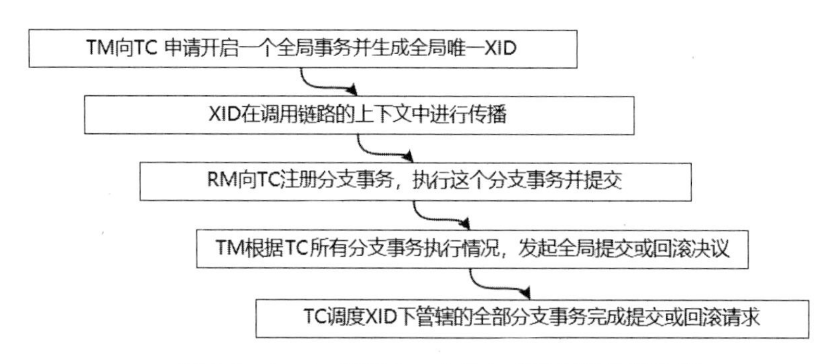

图 6-6　Seata 框架中一个分布式事务的执行流程

我们同样会在本章后续小节中对这些步骤，以及其中涉及的核心类进行详细介绍。

6.2　使用 XA 实现两阶段提交事务

在 Spring 应用程序中添加对 XA 事务的支持相对比较简单，无论是 Spring 框架，还是 ShardingSphere 本身，都为我们提供了低成本的开发支持。

6.2.1　开发环境准备

想要使用 XA 事务，先要在 pom 文件中添加 sharding-jdbc-core 和 sharding-transaction-xa-core 两个依赖，代码如下：

```
<dependency>
    <groupId>org.apache.shardingsphere</groupId>
    <artifactId>sharding-jdbc-core</artifactId>
</dependency>

<dependency>
     <groupId>org.apache.shardingsphere</groupId>
     <artifactId>sharding-transaction-xa-core</artifactId>
</dependency>
```

针对分布式事务，我们将演示如何在分库环境下使用这一功能，这就需要在 Spring Boot 中创建一个 properties 配置文件，并包含分库所需的所有配置项信息，代码如下：

```
spring.shardingsphere.datasource.names=ds0,ds1

# 配置数据源 ds0
spring.shardingsphere.datasource.ds0.type=com.zaxxer.hikari.HikariD
ataSource
spring.shardingsphere.datasource.ds0.driver-class-
name=com.mysql.jdbc.Driver
```

```
    spring.shardingsphere.datasource.ds0.jdbc-
url=jdbc:mysql://localhost:3306/ds0
    spring.shardingsphere.datasource.ds0.username=root
    spring.shardingsphere.datasource.ds0.password=root
    spring.shardingsphere.datasource.ds0.autoCommit: false

    # 配置数据源 ds1
    spring.shardingsphere.datasource.ds1.type=com.zaxxer.hikari.HikariD
ataSource
    spring.shardingsphere.datasource.ds1.driver-class-
name=com.mysql.jdbc.Driver
    spring.shardingsphere.datasource.ds1.jdbc-
url=jdbc:mysql://localhost:3306/ds1
    spring.shardingsphere.datasource.ds1.username=root
    spring.shardingsphere.datasource.ds1.password=root
    spring.shardingsphere.datasource.ds0.autoCommit: false

    # 设置分库策略
    spring.shardingsphere.sharding.default-database-
strategy.inline.sharding-column=user_id
    spring.shardingsphere.sharding.default-database-
strategy.inline.algorithm-expression=ds$->{user_id % 2}
    spring.shardingsphere.sharding.binding-
tables=health_record,health_task
    spring.shardingsphere.sharding.broadcast-tables=health_level

    # 设置表分片和分布式主键策略
    spring.shardingsphere.sharding.tables.health_record.actual-data-
nodes=ds$->{0..1}.health_record
    spring.shardingsphere.sharding.tables.health_record.key-
generator.column=record_id
    spring.shardingsphere.sharding.tables.health_record.key-
generator.type=SNOWFLAKE
    spring.shardingsphere.sharding.tables.health_record.key-
generator.props.worker.id=33
    spring.shardingsphere.sharding.tables.health_task.actual-data-
nodes=ds$->{0..1}.health_task
```

```
    spring.shardingsphere.sharding.tables.health_task.key-
generator.column=task_id
    spring.shardingsphere.sharding.tables.health_task.key-
generator.type=SNOWFLAKE
    spring.shardingsphere.sharding.tables.health_task.key-
generator.props.worker.id=33

    spring.shardingsphere.props.sql.show=true
```

6.2.2　实现 XA 事务

通过分库配置，我们将获取 SQL 语句执行的目标 DataSource。由于使用 Spring 框架而不是使用原生的 JDBC 进行事务管理，所以需要将 DataSource 与 Spring 中的事务管理器 PlatformTransactionManager 关联起来。另外，为了更好地集成 ShardingSphere 中的分布式事务支持，我们可以通过 Spring 框架提供的 JdbcTemplate 模板类简化 SQL 语句的执行过程。为此，一种常见的做法是创建一个事务配置类初始化 PlatformTransactionManager 和 JdbcTemplate 对象，代码如下：

```
    @Configuration
    @EnableTransactionManagement
    public class TransactionConfiguration {

        @Bean
        public PlatformTransactionManager txManager(final DataSource
dataSource) {
            return new DataSourceTransactionManager(dataSource);
        }

        @Bean
        public JdbcTemplate jdbcTemplate(final DataSource dataSource) {
            return new JdbcTemplate(dataSource);
        }
    }
```

一旦初始化了 JdbcTemplate，就可以在业务代码中注入这个模板类来执行各种 SQL 语句操作。常见的做法是传入一个 PreparedStatementCallback，并在这个回调中执行各种具体的 SQL 语句，代码如下：

```
@Autowired
JdbcTemplate jdbcTemplate;

jdbcTemplate.execute(SQL, (PreparedStatementCallback<Object>)
preparedStatement -> {
    …
    return preparedStatement;
});
```

这里，我们通过 PreparedStatementCallback 回调获取了一个 PreparedStatement 对象。或者，我们可以使用 JdbcTemplate 的另一种执行 SQL 语句的代码风格，通过使用更基础的 ConnectionCallback 回调接口，代码如下：

```
jdbcTemplate.execute((ConnectionCallback<Object>) connection-> {
    …
    return connection;
});
```

为了在业务代码中以最少的开发成本嵌入分布式事务机制，ShardingSphere 也专门提供了一个@ShardingTransactionType 注解来配置所需要执行的事务类型，代码如下：

```
@Target({ElementType.METHOD, ElementType.TYPE})
@Retention(RetentionPolicy.RUNTIME)
@Inherited
public @interface ShardingTransactionType {

    TransactionType value() default TransactionType.LOCAL;
}
```

我们知道，ShardingSphere 提供了 LOCAL、XA 和 BASE 共 3 种事务类型，默认使用的是 LOCAL。如果需要用到分布式事务，就应该在业务方法上显式地添加@ShardingTransactionType 注解，代码如下：

```
@Transactional
@ShardingTransactionType(TransactionType.XA)
public void insert(){
```

```
    …
}
```

还有一种设置 TransactionType 的方式是使用 TransactionTypeHolder 工具类。TransactionTypeHolder 类通过 ThreadLocal 来保存 TransactionType，代码如下：

```
public final class TransactionTypeHolder {

    private static final ThreadLocal<TransactionType> CONTEXT = new
ThreadLocal<TransactionType>() {

        @Override
        protected TransactionType initialValue() {
            return TransactionType.LOCAL;
        }
    };

    public static TransactionType get() {
        return CONTEXT.get();
    }

    public static void set(final TransactionType transactionType) {
        CONTEXT.set(transactionType);
    }

    public static void clear() {
        CONTEXT.remove();
    }
}
```

可以看到，TransactionTypeHolder 类默认采用的是本地事务，我们可以通过 set() 方法来改变初始设置，代码如下：

```
TransactionTypeHolder.set(TransactionType.XA);
```

现在，使用 XA 开发分布式事务的整体结构已经梳理清楚了，我们可以创建一个 insertHealthRecords()方法，并在该方法中添加对 HealthRecord 和 HealthTask 的数据插入，代码如下：

```
private List<Long> insertHealthRecords() throws SQLException {
    List<Long> result = new ArrayList<>(10);

    jdbcTemplate.execute((ConnectionCallback<Object>) connection-> {
        connection.setAutoCommit(false);

        try {
            for (Long i = 1L; i <= 10; i++) {
                HealthRecord healthRecord = createHealthRecord(i);
                insertHealthRecord(healthRecord, connection);

                HealthTask healthTask = createHealthTask(i,
                    healthRecord);
                insertHealthTask(healthTask, connection);

                result.add(healthRecord.getRecordId());
            }

            connection.commit();
        } catch (final SQLException ex) {
            connection.rollback();
            throw ex;
        }

        return connection;
    });

    return result;
}
```

可以看到，这里在执行插入操作之前，我们关闭了 Connection 的自动提交功能。然后在执行完 SQL 语句之后，手动通过 Connection 的 commit()方法执行事务提交。一旦 SQL 语句在执行过程中出现任何异常，就调用 Connection 的 rollback()方法回滚事务。

这里有必要介绍执行数据插入的具体实现过程，我们以 insertHealthRecord()方法为例进行介绍，代码如下：

```
    private void insertHealthRecord(HealthRecord healthRecord,
Connection connection) throws SQLException {
        try (PreparedStatement preparedStatement =
connection.prepareStatement(sql_health_record_insert,
Statement.RETURN_GENERATED_KEYS)) {

            preparedStatement.setLong(1, healthRecord.getUserId());
            preparedStatement.setLong(2, healthRecord.getLevelId() % 5 );
            preparedStatement.setString(3, "Remark" +
healthRecord.getUserId());
            preparedStatement.executeUpdate();

            try (ResultSet resultSet =
preparedStatement.getGeneratedKeys()) {
                if (resultSet.next()) {
                    healthRecord.setRecordId(resultSet.getLong(1));
                }
            }
        }
    }
```

首先通过 Connection 对象构建一个 PreparedStatement。需要注意的是，因为我们使用了 ShardingSphere 的主键自动生成机制，所以在构建 PreparedStatement 时需要进行特殊的设置，代码如下：

```
    connection.prepareStatement(sql_health_record_insert,
Statement.RETURN_GENERATED_KEYS)
```

通过这种方式，在 PreparedStatement 执行 SQL 语句之后，我们就可以获取自动生成的主键值，代码如下：

```
    try (ResultSet resultSet = preparedStatement.getGeneratedKeys()) {
        if (resultSet.next()) {
            healthRecord.setRecordId(resultSet.getLong(1));
        }
    }
```

当获取主键值之后，就将该主键值设置为 HealthRecord 中的 RecordID 字段，这是使用自动生成主键的常见做法。

最后，在事务方法的入口处设置 TransactionType，代码如下：

```
@Override
public void processWithXA() throws SQLException {
    TransactionTypeHolder.set(TransactionType.XA);

    insertHealthRecords();
}
```

现在执行 processWithXA()方法，看一看数据是否都已经按照分库的配置写入到了目标数据库表中。图 6-7 和图 6-8 所示为 ds0 中的 health_record 表和 health_task 表。

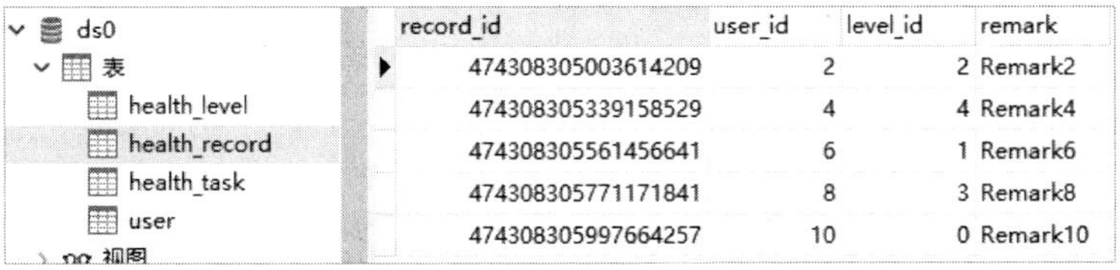

ds0
表
health_level
health_record
health_task
user
视图

record_id	user_id	level_id	remark
474308305003614209	2	2	Remark2
474308305339158529	4	4	Remark4
474308305561456641	6	1	Remark6
474308305771171841	8	3	Remark8
474308305997664257	10	0	Remark10

图 6-7　ds0 中的 health_record 表

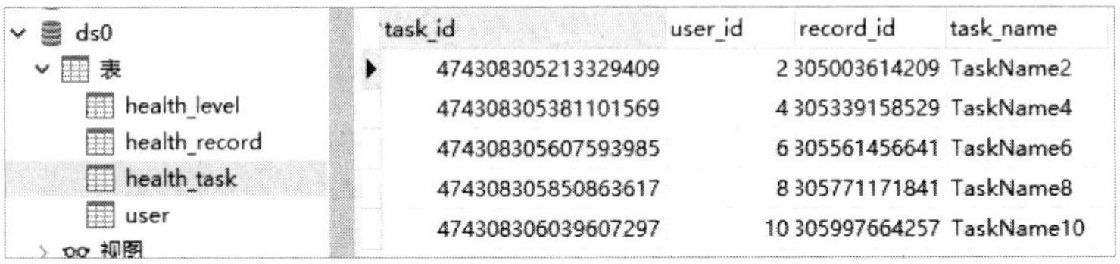

ds0
表
health_level
health_record
health_task
user
视图

task_id	user_id	record_id	task_name
474308305213329409	2	305003614209	TaskName2
474308305381101569	4	305339158529	TaskName4
474308305607593985	6	305561456641	TaskName6
474308305850863617	8	305771171841	TaskName8
474308306039607297	10	305997664257	TaskName10

图 6-8　ds0 中的 health_task 表

图 6-9 和图 6-10 所示为 ds1 中的 health_record 表和 health_task 表。

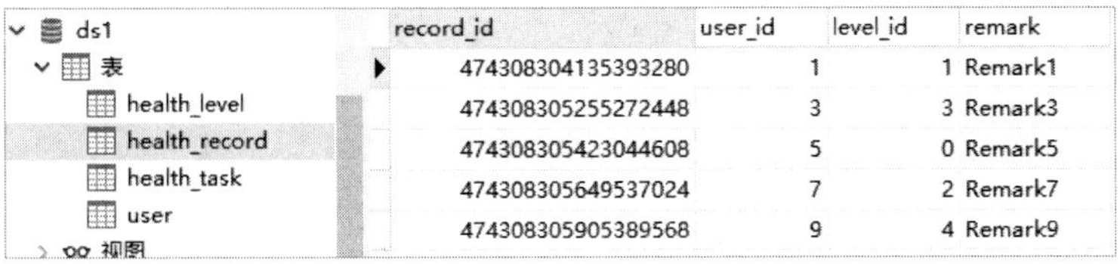

ds1
表
health_level
health_record
health_task
user
视图

record_id	user_id	level_id	remark
474308304135393280	1	1	Remark1
474308305255272448	3	3	Remark3
474308305423044608	5	0	Remark5
474308305649537024	7	2	Remark7
474308305905389568	9	4	Remark9

图 6-9　ds1 中的 health_record 表

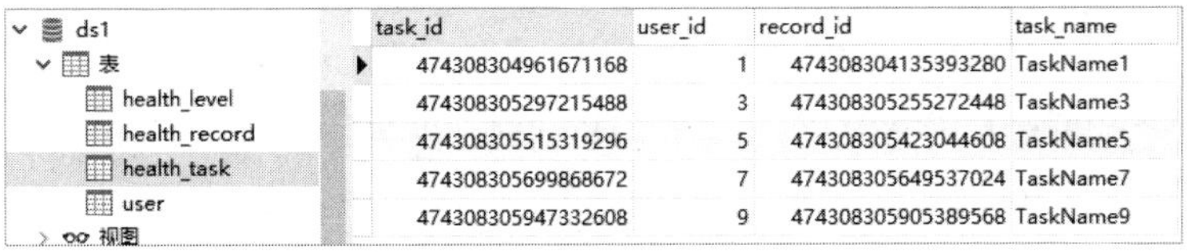

ds1
表
health_level
health_record
health_task
user
视图

task_id	user_id	record_id	task_name
474308304961671168	1	474308304135393280	TaskName1
474308305297215488	3	474308305255272448	TaskName3
474308305515319296	5	474308305423044608	TaskName5
474308305699868672	7	474308305649537024	TaskName7
474308305947332608	9	474308305905389568	TaskName9

图 6-10　ds1 中的 health_task 表

我们也可以通过控制台日志来跟踪具体的 SQL 语句执行过程：

```
INFO 10720 --- [main] ShardingSphere-SQL : Rule Type: sharding
INFO 10720 --- [main] ShardingSphere-SQL : Logic SQL: INSERT INTO health_record (user_id, level_id, remark) VALUES (?, ?, ?)
…
INFO 10720 --- [main] ShardingSphere-SQL : Actual SQL: ds1 ::: INSERT INTO health_record (user_id, level_id, remark, record_id) VALUES (?, ?, ?, ?) ::: [1, 1, Remark1, 474308304135393280]
…
```

现在，模拟事务失败的场景，可以在代码执行过程中故意抛出一个异常来做到这一点，代码如下：

```java
try {
    for (Long i = 1L; i <= 10; i++) {
        HealthRecord healthRecord = createHealthRecord(i);
        insertHealthRecord(healthRecord, connection);

        HealthTask healthTask = createHealthTask(i, healthRecord);
        insertHealthTask(healthTask, connection);

        result.add(healthRecord.getRecordId());

        //手动抛出异常
        throw new SQLException("数据库执行异常!");
    }

    connection.commit();
} catch (final SQLException ex) {
    connection.rollback();
    throw ex;
```

```
    }
```

再次执行 processWithXA()方法。基于 connection 提供的 rollback()方法，我们发现已经执行的部分 SQL 语句并没有提交到任何一个数据库中。

6.2.3 XA 事务实现原理

ShardingSphere 实现 XA 事务的入口是 XAShardingTransactionManager 类。我们先来看一下 XAShardingTransactionManager 类的定义和所包含的变量，代码如下：

```
    public final class XAShardingTransactionManager implements
ShardingTransactionManager {

        private final Map<String, XATransactionDataSource>
cachedDataSources = new HashMap<>();

        private final XATransactionManager xaTransactionManager =
XATransactionManagerLoader.getInstance().getTransactionManager();
    }
```

可以看到，XAShardingTransactionManager 实现了 ShardingTransactionManager 接口，并保存着一组 XATransactionDataSource。同时，XATransactionManager 实例的加载仍然采用了 JDK 中的 ServiceLoader 类，代码所示：

```
    private XATransactionManager load() {
        Iterator<XATransactionManager> xaTransactionManagers =
ServiceLoader.load(XATransactionManager.class).iterator();
        if (!xaTransactionManagers.hasNext()) {
            return new AtomikosTransactionManager();
        }
        XATransactionManager result = xaTransactionManagers.next();
        if (xaTransactionManagers.hasNext()) {
            log.warn("There are more than one transaction mangers
existing, chosen first one by default.");
        }
        return result;
    }
```

XATransactionManager 就是对各种第三方 XA 事务管理器的一种抽象，通过上述代码，我们可以看到在找不到合适的 XATransactionManager 的情况下，系统默认会创建一个 AtomikosTransactionManager。

而 XATransactionManager 的定义实际上是位于一个单独的代码工程中，即 sharding-transaction-xa-spi 代码工程，该接口定义代码如下：

```
public interface XATransactionManager extends AutoCloseable {

    //初始化 XA 事务管理器
    void init();

    //注册事务恢复资源
    void registerRecoveryResource(String dataSourceName,
XADataSource xaDataSource);

    //移除事务恢复资源
    void removeRecoveryResource(String dataSourceName, XADataSource
xaDataSource);

    //嵌入一个 SingleXAResource 资源
    void enlistResource(SingleXAResource singleXAResource);

    //返回 TransactionManager
    TransactionManager getTransactionManager();
}
```

我们基本可以从这些接口方法的命名上理解其含义，但详细的用法还是要结合具体的 XATransactionManager 实现类进行理解。我们来看一下 sharding-transaction-xa-atomikos-manager 代码工程中 AtomikosTransactionManager 的实现过程，这也是 ShardingSphere 中 TransactionManager 的默认实现。AtomikosTransactionManager 实现过程的代码如下：

```
public final class AtomikosTransactionManager implements
XATransactionManager {
```

```
    private final UserTransactionManager transactionManager = new
UserTransactionManager();

    private final UserTransactionService userTransactionService =
new UserTransactionServiceImp();

    @Override
    public void init() {
        userTransactionService.init();
    }

    @Override
    public void registerRecoveryResource(final String
dataSourceName, final XADataSource xaDataSource) {
        userTransactionService.registerResource(new
AtomikosXARecoverableResource(dataSourceName, xaDataSource));
    }

    @Override
    public void removeRecoveryResource(final String dataSourceName,
final XADataSource xaDataSource) {
        userTransactionService.removeResource(new
AtomikosXARecoverableResource(dataSourceName, xaDataSource));
    }

    @Override
    @SneakyThrows
    public void enlistResource(final SingleXAResource xaResource) {

transactionManager.getTransaction().enlistResource(xaResource);
    }

    @Override
    public TransactionManager getTransactionManager() {
        return transactionManager;
    }
```

```
    @Override
    public void close() {
        userTransactionService.shutdown(true);
    }
}
```

上述方法本质上都是对 Atomikos 的 UserTransactionManager 和 UserTransactionService 的简单调用，Atomikos 的 UserTransactionManager 实现了 TransactionManager 接口，封装了所有 TransactionManager 接口需要完成的工作。

看完 sharding-transaction-xa-atomikos-manager 代码工程之后，我们看一下 sharding-transaction-xa-bitronix-manager 代码工程，该工程提供了基于 Bitronix 框架的 XATransactionManager 实现方案，即 BitronixXATransactionManager 类，代码如下：

```
public final class BitronixXATransactionManager implements
XATransactionManager {

    private final BitronixTransactionManager
bitronixTransactionManager =
TransactionManagerServices.getTransactionManager();

    @Override
    public void init() {
    }

    @SneakyThrows
    @Override
    public void registerRecoveryResource(final String
dataSourceName, final XADataSource xaDataSource) {
        ResourceRegistrar.register(new
BitronixRecoveryResource(dataSourceName, xaDataSource));
    }

    @SneakyThrows
    @Override
    public void removeRecoveryResource(final String dataSourceName,
final XADataSource xaDataSource) {
```

```
        ResourceRegistrar.unregister(new
BitronixRecoveryResource(dataSourceName, xaDataSource));
    }

    @SneakyThrows
    @Override
    public void enlistResource(final SingleXAResource
singleXAResource) {
        bitronixTransactionManager.getTransaction().
enlistResource(singleXAResource);
    }

    @Override
    public TransactionManager getTransactionManager() {
        return bitronixTransactionManager;
    }

    @Override
    public void close() {
        bitronixTransactionManager.shutdown();
    }
}
```

对上述代码的理解也依赖与对 Bitronix 框架的熟悉程度，整个封装过程简单明了。此处，我们不需要对 Bitronix 框架进行详细介绍，而是更多关注 ShardingSphere 对 XATransactionManager 的抽象过程。

6.3 使用 Seata 实现最终一致性事务

与 XA 事务相比，在业务代码中集成 BASE 事务的过程就显得相对复杂一些，因为我们需要借助外部框架来做到这一点。这里，我们将基于阿里巴巴提供的 Seata 框架来演示如何使用 BASE 事务。

6.3.1 开发环境准备

想要使用基于 Seata 的 BASE 事务，先要在 pom 文件中添加 sharding-jdbc-core 和 sharding-transaction-base-seata-at 两个依赖，代码如下：

```
<dependency>
   <groupId>org.apache.shardingsphere</groupId>
   <artifactId>sharding-jdbc-core</artifactId>
</dependency>

<dependency>
    <groupId>org.apache.shardingsphere</groupId>
    <artifactId>sharding-transaction-base-seata-at</artifactId>
</dependency>
```

因为用到了 Seata 框架，所以也需要引入 Seata 框架的相关组件，代码如下：

```
<dependency>
    <groupId>io.seata</groupId>
    <artifactId>seata-rm-datasource</artifactId>
</dependency>

<dependency>
    <groupId>io.seata</groupId>
    <artifactId>seata-tm</artifactId>
</dependency>

<dependency>
    <groupId>io.seata</groupId>
    <artifactId>seata-codec-all</artifactId>
</dependency>
```

下载并启动 Seata 服务器，这个过程需要设置 Seata 服务器 config 目录下的 registry.conf，以便指定注册中心，这里使用 ZooKeeper 来作为注册中心。关于如何启动 Seata 服务器的过程可以参考 Seata 的官方文档。需要注意的是，按照 Seata 服务器的运行要求，需要在每一个分片数据库实例中创建一张 undo_log 表，还需要在代码工程的 classpath 中增加一个 seata.conf 配置文件，代码如下：

```
client {
    application.id = health-base
    transaction.service.group = health-base-group
}
```

src/main/resources 的目录结构如图 6-11 所示。

```
∨ src/main/resources
    > mappers
      application-sharding-databases.properties
      application.properties
      file.conf
      mybatis-config.xml
      seata.conf
```

图 6-11　src/main/resources 的目录结构

当然，这里还是继续使用前文介绍的分库配置。

6.3.2　实现 BASE 事务

基于 ShardingSphere 提供的分布式事务的抽象，从 XA 事务转到 BASE 事务唯一要做的事情就是重新设置 TransactionType，也就是修改一行代码：

```
@Override
public void processWithBASE() throws SQLException {
    TransactionTypeHolder.set(TransactionType.BASE);

    insertHealthRecords();
}
```

重新执行测试实例，我们发现在正常提交和异常回滚的场景下，基于 Seata 的分布式事务同样发挥了作用。

6.3.3　BASE 事务实现原理

ShardingSphere 实现 BASE 事务的入口是 SeataATShardingTransactionManager 类。因为 SeataATShardingTransactionManager 完全采用阿里巴巴的 Seata 框架来提供分布

式事务特性，而不是遵循类似 XA 这样的开发规范，所以在代码实现上比 XAShardingTransactionManager 的类层结构要简单很多，把复杂性都屏蔽在框架的内部。

想要集成 Seata，先要初始化 TMClient 和 RMClient 两个客户端对象。在 Seata 内部，这两个客户端之间会基于 RPC 的方式进行通信。所以，ShardingSphere 在 XAShardingTransactionManager 的 init()方法中实现了一个 initSeataRPCClient()方法来初始化 TMClient 和 RMClient 两个客户端对象，代码如下：

```
   //根据 seata.conf 配置文件创建配置对象
   private final FileConfiguration configuration = new
FileConfiguration("seata.conf");

   private void initSeataRPCClient() {
       String applicationId =
configuration.getConfig("client.application.id");
       Preconditions.checkNotNull(applicationId, "please config
application id within seata.conf file");
       String transactionServiceGroup =
configuration.getConfig("client.transaction.service.group", "default");
       TMClient.init(applicationId, transactionServiceGroup);
       RMClient.init(applicationId, transactionServiceGroup);
   }
```

回想前文关于 Seata 使用方式的介绍，不难理解这里通过 seata.conf 配置文件中所配置的 application.id 和 transaction.service.group 两个配置项来执行初始化操作。

同时，Seata 也提供了一套构建在 JDBC 规范之上的实现策略，这点和 3.1 节中介绍的 ShardingSphere 与 JDBC 规范之间的兼容性类似。而反映在命名上，Seata 更为直接明了，使用 DataSourceProxy 和 ConnectionProxy 这两个代理对象即可。以 DataSourceProxy 为例，其类层结构如图 6-12 所示。

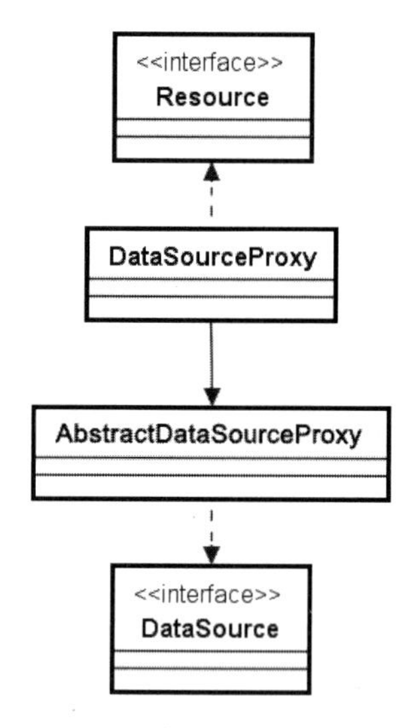

图 6-12　DataSourceProxy 类层结构

可以看到，DataSourceProxy 实现了自己定义的 Resource 接口，然后继承了抽象类 AbstractDataSourceProxy，而后者则实现了 JDBC 中的 DataSource 接口。

所以，在初始化 Seata 框架时，同样需要根据输入的 DataSource 对象来构建 DataSourceProxy，并通过 DataSourceProxy 获取 ConnectionProxy，SeataATShardingTransactionManager 类中的相关代码如下：

```
    @Override
    public void init(final DatabaseType databaseType, final
Collection<ResourceDataSource> resourceDataSources) {
        //初始化 Seata 框架
        initSeataRPCClient();

        //创建 DataSourceProxy 并存储到 Map 中
        for (ResourceDataSource each : resourceDataSources) {
            dataSourceMap.put(each.getOriginalName(), new
DataSourceProxy(each.getDataSource()));
        }
    }

    @Override
```

```
    public Connection getConnection(final String dataSourceName) throws
SQLException {
        //根据 DataSourceProxy 获取 ConnectionProxy
        return dataSourceMap.get(dataSourceName).getConnection();
    }
```

介绍完初始化工作之后，我们来看一下 SeataATShardingTransactionManager 提供的事务开启和提交相关的入口。在 Seata 框架中，GlobalTransaction 是一个核心接口，封装了面向用户操作层的分布式事务访问入口，该接口的定义代码如下，可以从方法命名上直接看出对应的操作含义：

```
    public interface GlobalTransaction {
        void begin() throws TransactionException;
        void begin(int timeout) throws TransactionException;
        void begin(int timeout, String name) throws
TransactionException;
        void commit() throws TransactionException;
        void rollback() throws TransactionException;
        GlobalStatus getStatus() throws TransactionException;
        String getXid();
    }
```

ShardingSphere 作为 GlobalTransaction 的用户层，同样基于 GlobalTransaction 接口来完成分布式事务操作。但 ShardingSphere 并没有直接使用这一层，而是设计了一个 SeataTransactionHolder 类，保存着线程安全的 GlobalTransaction 对象。SeataTransactionHolder 类位于 sharding-transaction-base-seata-at 代码工程中，代码如下：

```
    final class SeataTransactionHolder {

        private static final ThreadLocal<GlobalTransaction> CONTEXT =
new ThreadLocal<>();

        static void set(final GlobalTransaction transaction) {
            CONTEXT.set(transaction);
        }

        static GlobalTransaction get() {
            return CONTEXT.get();
```

```
    }

    static void clear() {
        CONTEXT.remove();
    }
}
```

可以看到，这里使用了 ThreadLocal 工具类来确保对 GlobalTransaction 访问的线程安全性。

接下来的问题是，如何判断当前请求是否处于一个全局事务中呢？在 Seata 框架中，存在一个上下文对象类 RootContext，该类用来保存参与者和发起者之间传播的 XID。当事务发起者开启全局事务后，会将 XID 嵌入 RootContext 里，然后 XID 将沿着服务调用链一直传播，嵌入每个事务参与者进程的 RootContext 里。当事务参与者发现 RootContext 中存在 XID 时，就知道自己处于全局事务中。基于这层原理，我们只需要采用如下所示的判断方法就能得出是否处于全局事务中的结论：

```
@Override
public boolean isInTransaction() {
    return null != RootContext.getXID();
}
```

同时，Seata 框架也提供了一个针对全局事务的上下文类 GlobalTransactionContext，通过该上下文类，我们可以使用 getCurrent()方法来获取一个 GlobalTransaction 对象，或者通过 getCurrentOrCreate()方法在无法获取 GlobalTransaction 对象时新建一个 GlobalTransaction 对象。讲到这里，我们就不难理解 SeataATShardingTransactionManager 中 begin()方法的实现过程了，代码如下：

```
@Override
@SneakyThrows
public void begin() {
    SeataTransactionHolder.set(GlobalTransactionContext.
getCurrentOrCreate());
    SeataTransactionHolder.get().begin();
    SeataTransactionBroadcaster.collectGlobalTxId();
}
```

这里通过 GlobalTransactionContext.getCurrentOrCreate() 方法创建了一个 GlobalTransaction 对象，然后将其保存到 SeataTransactionHolder 中。接着从 SeataTransactionHolder 中获取一个 GlobalTransaction 对象，并调用 begin()方法启动事务。注意这里还有一个 SeataTransactionBroadcaster 类，该类就是用来保存 Seata 全局 XID 的一个容器类。我们会在事务启动时收集全局 XID 并进行保存，而在事务提交或回滚时清空 XID。所以，如下代码中的 commit()方法、rollback()方法和 close()方法的实现过程就不难理解了：

```
@Override
public void commit() {
    try {
        SeataTransactionHolder.get().commit();
    } finally {
        SeataTransactionBroadcaster.clear();
        SeataTransactionHolder.clear();
    }
}

@Override
public void rollback() {
    try {
        SeataTransactionHolder.get().rollback();
    } finally {
        SeataTransactionBroadcaster.clear();
        SeataTransactionHolder.clear();
    }
}

@Override
public void close() {
    dataSourceMap.clear();
    SeataTransactionHolder.clear();
    TmRpcClient.getInstance().destroy();
    RmRpcClient.getInstance().destroy();
}
```

sharding-transaction-base-seata-at 代码工程中的内容也构成了在 ShardingSphere 中集成 Seata 框架的实现过程。

6.4 本章小结

分布式事务是 ShardingSphere 提供的一项核心功能，也是分布式环境下数据处理所必须考虑的话题。ShardingSphere 提供了两种处理分布式事务的实现方式，分别是基于强一致性的 XA 事务，以及基于最终一致性的 BASE 事务。本章结合实例对这两种事务的使用方式进行了详细介绍，并给出了它们的基本实现原理。

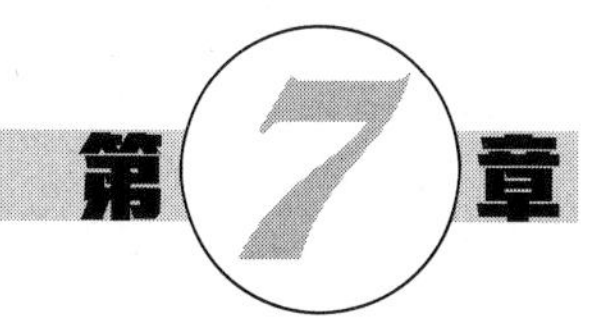

ShardingSphere 数据脱敏

数据脱敏是指对某些敏感信息通过脱敏规则进行数据的转换，实现敏感隐私数据的可靠保护。在日常开发过程中，数据安全一直是一个非常重要和敏感的话题。相较传统的私有化部署方案，互联网应用对数据安全的要求更高，所涉及的范围也更广。根据不同行业和业务场景的属性，不同系统中的敏感信息可能有所不同，但诸如身份证号、手机号、卡号、用户姓名、账号密码等个人信息一般都需要进行脱敏处理。

作为一款功能全面而强大的分布式数据库，ShardingSphere 从一开始就考虑到了针对关系型数据库的数据脱敏解决方案。本章将针对这一解决方案展开讨论，并详细阐述 ShardingSphere 数据脱敏的使用方法。

7.1 数据脱敏的核心概念

数据脱敏从概念上讲比较容易理解，但具体的实现过程存在很多方案。在介绍基于数据脱敏的具体开发过程之前，我们有必要先来梳理如何实现数据脱敏的抽象过程。这里将从敏感数据存储方式、敏感数据加解密过程及业务代码集成数据脱敏 3 个维度来抽象数据脱敏，如图 7-1 所示。

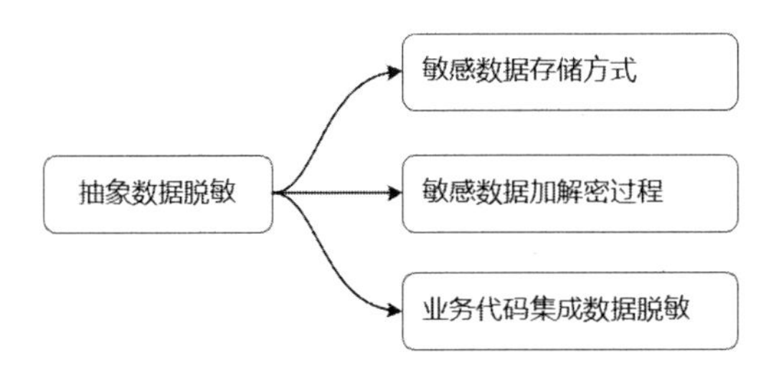

图 7-1　数据脱敏的抽象过程示意图

针对每一个维度，我们也将基于 ShardingSphere 给出这个框架的具体抽象过程，从而方便大家理解使用它的方法和技巧。

7.1.1　敏感数据存储方式

关于如何存储敏感数据，要讨论的点在于我们是否需要将敏感数据以明文形式存储在数据库中，这个问题的答案并不是绝对的。

我们先来考虑第一种情况。对一些敏感数据来说，显然应该直接以密文的形式将加密之后的数据进行存储，从而防止有任何一种途径能够从数据库中获取这些数据的明文。这方面典型的敏感数据就是用户密码，通常会采用 MD5 等不可逆的加密算法对其进行加密，而使用这些数据的方法也只是依赖于它的密文形式，而不会涉及对明文的直接处理。

第二种情况，对于用户姓名、手机号等信息，基于统计分析等方面的需要，显然不能直接采用不可逆的加密算法进行加密，而是需要将明文信息也进行处理。那么，一种常见的处理方式是将一个字段用两列来进行保存，一列保存明文，另一列保存密文。

显然，我们可以将第一种情况看作第二种情况的一种特例。也就是说，在第一种情况中没有明文列，只有密文列。

在 ShardingSphere 中，同样基于这两种情况进行了抽象，它将这里的明文列命名为 plainColumn，而将密文列命名为 cipherColumn。其中，plainColumn 属于可选项，而 cipherColumn 则是必选项。同时，ShardingSphere 还提出了一个逻辑列（logicColumn）的概念，该列表示一种虚拟列，只面向开发人员进行编程时才会使用，如图 7-2 所示。

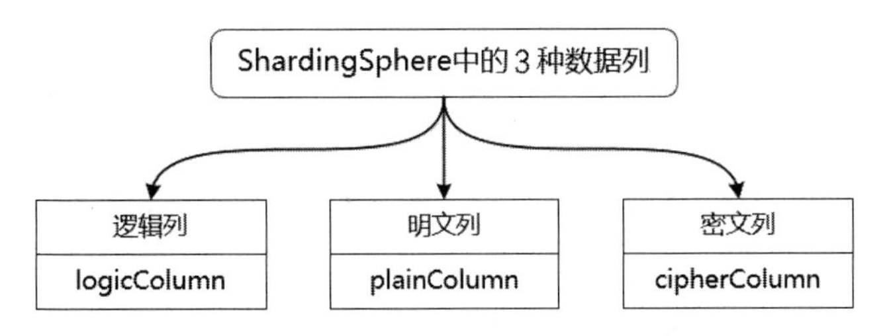

图 7-2 ShardingSphere 中的 3 种数据列示意图

7.1.2 敏感数据加解密过程

数据脱敏本质上就是一种加解密技术的应用场景，自然少不了对各种加解密算法和技术的封装。传统的加解密方式有两种：一种是对称加密，如 DEA 和 AES；另一种是非对称加密，如 RSA。

ShardingSphere 内部也抽象了一个 ShardingEncryptor 组件专门封装各种加解密操作，代码如下：

```
public interface ShardingEncryptor extends TypeBasedSPI {

    //初始化
    void init();
    //加密
    String encrypt(Object plaintext);
    //解密
    Object decrypt(String ciphertext);
}
```

目前，ShardingSphere 内置了 AESShardingEncryptor 和 MD5ShardingEncryptor 两个具体的 ShardingEncryptor 实现类。因为 ShardingEncryptor 扩展了 TypeBasedSPI 接口，所以开发人员完全可以基于微内核架构模式和 JDK 所提供的 SPI 机制来实现与动态加载自定义的各种 ShardingEncryptor。

7.1.3 业务代码集成数据脱敏

关于数据脱敏的最后一个抽象点在于如何在业务代码中嵌入数据脱敏过程，显然这个过程应该尽量做到自动化和低侵入性，并且应该对开发人员足够透明。

我们可以通过一个具体的实例来描述数据脱敏的执行流程。假设系统中有一张 user 表，其中包含一个 user_name 列。user_name 列属于敏感数据，需要对其进行数据脱敏。按照前面讨论的数据存储方案，我们可以在 user 表中设置两个字段：user_name_plain 表示明文列；user_name_cipher 表示密文列。然后，应用程序通过 user_name 逻辑列与数据库表进行交互，如图 7-3 所示。

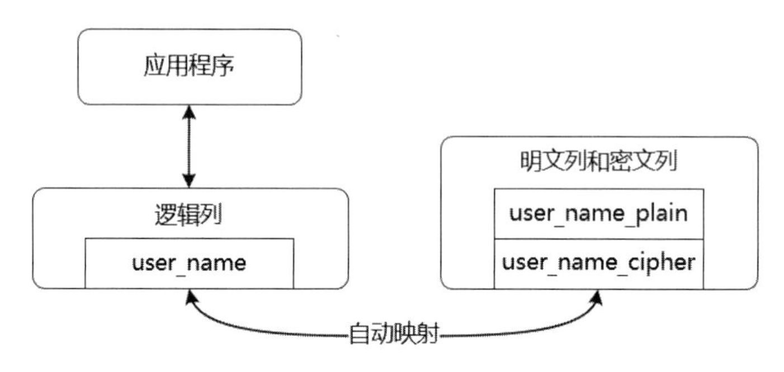

图 7-3　ShardingSphere 数据脱敏的执行流程示意图

针对这个交互过程，我们希望存在一种机制，能够自动将 user_name 逻辑列映射到 user_name_plain 列和 user_name_cipher 列。同时，我们也希望提供一种配置机制，能够让开发人员根据需要灵活指定脱敏过程中所采用的各种加解密算法。

作为一款优秀的开源框架，ShardingSphere 提供了这些机制。那么，ShardingSphere 是如何做到这一点的呢？ShardingSphere 通过对从应用程序传入的 SQL 语句进行解析，并依据开发人员提供的脱敏配置改写 SQL 语句，从而实现对明文数据进行自动加密，并将加密后的密文数据存储到数据库中。当我们查询数据时，它又从数据库中取出密文数据，并自动对其解密，最终将解密后的明文数据返回给用户。ShardingSphere 提供了自动化+透明化的数据脱敏过程，业务开发人员可以像使用普通数据那样使用脱敏数据，而不需要关注数据脱敏的实现细节。

7.2　数据脱敏的使用方法

接下来，就让我们继续对实例系统进行改造，并添加数据脱敏功能。

7.2.1　准备数据脱敏

为了演示数据脱敏功能，重新定义一个 EncryptUser 实体类，该类定义了与数据脱敏相关的常见用户名、密码等字段，这些字段与数据库中 encrypt_user 表的列一一对应，代码如下：

```
public class EncryptUser {

    //用户 ID
    private Long userId;
    //用户名（密文）
    private String userName;
    //用户名（明文）
    private String userNamePlain;
    //密码（密文）
    private String pwd;
    …
}
```

EncryptUserMapper 中关于 resultMap 语句和 insert 语句的定义，代码如下：

```
<mapper namespace="com.tianyilan.shardingsphere.demo.
repository.EncryptUserRepository">
    <resultMap id="encryptUserMap"
type="com.tianyilan.shardingsphere.demo.entity.EncryptUser">
        <result column="user_id" property="userId"
jdbcType="INTEGER"/>
        <result column="user_name" property="userName"
jdbcType="VARCHAR"/>
        <result column="pwd" property="pwd" jdbcType="VARCHAR"/>
    </resultMap>
```

```
    <insert id="addEntity">
        INSERT INTO encrypt_user (user_id, user_name, pwd) VALUES (#
{userId,jdbcType=INTEGER}, # {userName,jdbcType=VARCHAR}, #
{pwd,jdbcType=VARCHAR})
    </insert>
    …
</mapper>
```

需要注意的是，在 resultMap 语句中并没有指定 user_name_plain 字段。同时，insert 语句中也没有指定 user_name_plain 字段。

有了 Mapper，我们就可以构建 Service 层组件。在 EncryptUserServiceImpl 类中，我们分别提供了 processEncryptUsers()方法和 getEncryptUsers()方法来插入用户及获取用户列表。

```
@Service
public class EncryptUserServiceImpl implements EncryptUserService {

    @Autowired
    private EncryptUserRepository encryptUserRepository;

    @Override
    public void processEncryptUsers() throws SQLException {
        insertEncryptUsers();
    }

    private List<Long> insertEncryptUsers() throws SQLException {
        List<Long> result = new ArrayList<>(10);
        for (Long i = 1L; i <= 10; i++) {
            EncryptUser encryptUser = new EncryptUser();
            encryptUser.setUserId(i);
            encryptUser.setUserName("username_" + i);
            encryptUser.setPwd("pwd" + i);
            encryptUserRepository.addEntity(encryptUser);
            result.add(encryptUser.getUserId());
        }

        return result;
```

```
    }

    @Override
    public List<EncryptUser> getEncryptUsers() throws SQLException {
        return encryptUserRepository.findEntities();
    }
}
```

现在，业务层代码已经准备就绪。由于数据脱敏功能内嵌在 sharding-jdbc-spring-boot-starter 包中，所以我们不需要引入额外的依赖包。

7.2.2 配置数据脱敏

在整体架构上，与分库分表及读写分离一样，数据脱敏对外暴露的入口也是一个符合 JDBC 规范的 EncryptDataSource 对象。同样，ShardingSphere 提供了 EncryptDataSourceFactory 工厂类完成了 EncryptDataSource 对象的构建，代码如下：

```
public final class EncryptDataSourceFactory {

    public static DataSource createDataSource(final DataSource 
dataSource, final EncryptRuleConfiguration encryptRuleConfiguration, 
final Properties props) throws SQLException {
        return new EncryptDataSource(dataSource, new 
EncryptRule(encryptRuleConfiguration), props);
    }
}
```

1. 脱敏规则详解

我们在 EncryptDataSourceFactory 工厂类中可以看到这里存在一个 EncryptRuleConfiguration 类，该类包含了两个 Map 分别用来配置加解密器列表及加密表配置列表，代码如下：

```
//加解密器配置列表
private final Map<String, EncryptorRuleConfiguration> encryptors;
//加密表配置列表
private final Map<String, EncryptTableRuleConfiguration> tables;
```

其中，EncryptorRuleConfiguration 集成了 ShardingSphere 的一个通用抽象类 TypeBasedSPIConfiguration，包含了 type 和 properties 两个字段，代码如下：

```
//类型（MD5/AES 加密器）
private final String type;
//属性（AES 加密器用到的 Key 值）
private final Properties properties;
```

而 EncryptTableRuleConfiguration 内部是一个包含多个 EncryptColumnRuleConfiguration 的 Map，EncryptColumnRuleConfiguration 就是 ShardingSphere 对加密列的配置，包含了 plainColumn、cipherColumn 的定义，代码如下：

```
public final class EncryptColumnRuleConfiguration {

    //存储明文的字段
    private final String plainColumn;
    //存储密文的字段
    private final String cipherColumn;
    //辅助查询字段
    private final String assistedQueryColumn;
    //加密器名字
    private final String encryptor;
}
```

我们通过一张图罗列出各个配置类之间的关系及数据脱敏所需要配置的各项内容，如图 7-4 所示。

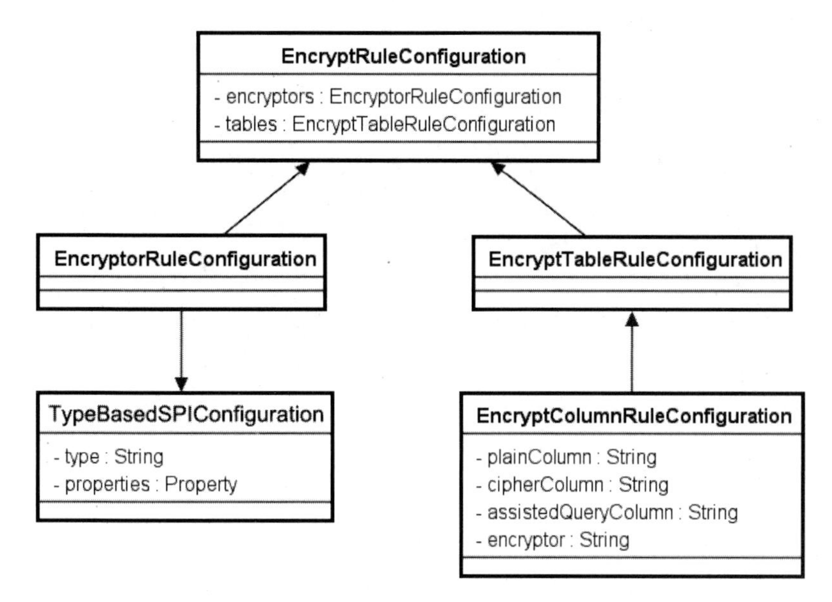

图 7-4　数据脱敏相关配置类的类层结构图

事实上，如果我们深入了解 ShardingSphere 的内部实现原理，就会发现 EncryptRuleConfiguration 配置类只是其敏感数据配置体系中的一部分，而 EncryptRule 才是数据脱敏模块中的核心对象。在 EncryptRule 中，定义了 encryptors、tables、ruleConfiguration 共 3 个核心变量，代码如下：

```
    //加解密器
    private final Map<String, ShardingEncryptor> encryptors = new
LinkedHashMap<>();
    //脱敏数据表
    private final Map<String, EncryptTable> tables = new
LinkedHashMap<>();
    //脱敏规则配置
    private EncryptRuleConfiguration ruleConfiguration;
```

我们可以把这 3 个变量分成两部分，其中 ShardingEncryptor 用于完成加解密，而 EncryptTable 和 EncryptRuleConfiguration 则更多地与数据脱敏的配置体系相关。ShardingEncryptor 是一个接口，表示具体的加密器类，该接口定义代码如下：

```
    public interface ShardingEncryptor extends TypeBasedSPI {
        //初始化
```

```
    void init();
    //加密
    String encrypt(Object plaintext);
    //解密
    Object decrypt(String ciphertext);
}
```

ShardingEncryptor 接口存在一对用于加密和解密的方法，同时该接口也继承了 TypeBasedSPI 接口，意味着会通过 SPI 的方式进行动态类加载。在 ShardingSphere 中，ShardingEncryptor 接口有两个实现类，即 MD5ShardingEncryptor 和 AESShardingEncryptor。MD5 是单向散列的算法，无法根据密文反推出明文，MD5ShardingEncryptor 实现类的定义代码如下：

```
public final class MD5ShardingEncryptor implements ShardingEncryptor
{

    private Properties properties = new Properties();

    @Override
    public String getType() {
        return "MD5";
    }

    @Override
    public void init() {
    }

    @Override
    public String encrypt(final Object plaintext) {
        return DigestUtils.md5Hex(String.valueOf(plaintext));
    }

    @Override
    public Object decrypt(final String ciphertext) {
        return ciphertext;
    }
}
```

AES 是一个对称加密算法，可以根据密文反推出明文，对应的 AESSharding-Encryptor 类的定义代码如下：

```
public final class AESShardingEncryptor implements ShardingEncryptor
{

    private static final String AES_KEY = "aes.key.value";

    private Properties properties = new Properties();

    @Override
    public String getType() {
        return "AES";
    }

    @Override
    public void init() {
    }

    @Override
    @SneakyThrows
    public String encrypt(final Object plaintext) {
        byte[] result = getCipher(Cipher.ENCRYPT_MODE).doFinal
(StringUtils.getBytesUtf8(String.valueOf(plaintext)));
        //使用 Base64 进行加密
        return Base64.encodeBase64String(result);
    }

    @Override
    @SneakyThrows
    public Object decrypt(final String ciphertext) {
        if (null == ciphertext) {
            return null;
        }
        //使用 Base64 进行解密
```

```
        byte[] result =
getCipher(Cipher.DECRYPT_MODE).doFinal(Base64.decodeBase64(String.value
Of(ciphertext)));
        return new String(result, StandardCharsets.UTF_8);
    }

    private Cipher getCipher(final int decryptMode) throws
NoSuchPaddingException, NoSuchAlgorithmException, InvalidKeyException {
        Preconditions.checkArgument(properties.containsKey(AES_KEY),
"No available secret key for `%s`.",
AESShardingEncryptor.class.getName());
        Cipher result = Cipher.getInstance(getType());
        result.init(decryptMode, new SecretKeySpec(createSecretKey(),
getType()));
        return result;
    }

    private byte[] createSecretKey() {
        Preconditions.checkArgument(null != properties.get(AES_KEY),
String.format("%s can not be null.", AES_KEY));
        //创建密钥
        return Arrays.copyOf(DigestUtils.sha1
(properties.get(AES_KEY).toString()), 16);
    }
}
```

这段代码实际上就是对一些常用加密库的直接使用。让我们回到最上层的EncryptRule，发现它的构造函数，代码如下：

```
public EncryptRule(final EncryptRuleConfiguration encryptRuleConfig)
{
    this.ruleConfiguration = encryptRuleConfig;
    Preconditions.checkArgument(isValidRuleConfiguration(), "Invalid
encrypt column configurations in EncryptTableRuleConfigurations.");
    initEncryptors(encryptRuleConfig.getEncryptors());
    initTables(encryptRuleConfig.getTables());
}
```

在上述代码中，initEncryptors()方法用来初始化加解密器 Encryptor，而 initTables()方法会根据 EncryptRuleConfiguration 中的 EncryptTableRuleConfiguration 来初始化 EncryptTable。这里的 EncryptTable 是一种中间领域模型，用于简化对各种配置信息的处理，其内部保存着一个 EncryptColumn 列表，代码如下：

```
private final Map<String, EncryptColumn> columns;
```

而 EncryptColumn 中的变量的作用与前文 EncryptColumnRuleConfiguration 的作用相同，包含了存储明文的 plainColumn、密文的 cipherColumn 及加密器 encryptor 等信息。

在了解了 EncryptRule 所持有的数据模型之后，我们就可以来看一下 EncryptDataSource，在 EncryptDataSource 的构造函数中使用到了 EncryptRule，代码如下：

```
    private final EncryptRuntimeContext runtimeContext;

    public EncryptDataSource(final DataSource dataSource, final
EncryptRule encryptRule, final Properties props) throws SQLException {
        super(dataSource);
        runtimeContext = new EncryptRuntimeContext(dataSource,
encryptRule, props, getDatabaseType());
    }
```

可以看到，所传入的 EncryptRule 和 Properties 用来构建一个 EncryptRuntimeContext 类，该类继承自 AbstractRuntimeContext 类，而 EncryptRuntimeContext 类内部主要保存了用于描述表元数据的 TableMetas 数据结构。

2. 脱敏规则配置

介绍完配置规则之后，现在返回实例代码。为了实现数据脱敏，首先需要定义一个数据源，这里命名为 dsencrypt，代码如下：

```
spring.shardingsphere.datasource.names=dsencrypt

# 配置数据源 dsencrypt
spring.shardingsphere.datasource.dsencrypt.type=com.zaxxer.hikari.H
ikariDataSource
```

```
spring.shardingsphere.datasource.dsencrypt.driver-class-name=com.mysql.jdbc.Driver
spring.shardingsphere.datasource.dsencrypt.jdbc-url=jdbc:mysql://localhost:3306/dsencrypt
spring.shardingsphere.datasource.dsencrypt.username=root
spring.shardingsphere.datasource.dsencrypt.password=root
```

其次，设置加密器，这里定义 name_encryptor 和 pwd_encryptor 两个加密器，分别用于对 user_name 列和 pwd 列进行加解密。需要注意的是，对 name_encryptor 来说，我们使用了对称加密算法 AES；而针对 pwd_encryptor，则直接使用不可逆的 MD5 算法，代码如下：

```
# 设置加密器
spring.shardingsphere.encrypt.encryptors.name_encryptor.type=aes
spring.shardingsphere.encrypt.encryptors.name_encryptor.props.aes.key.value=123456
spring.shardingsphere.encrypt.encryptors.pwd_encryptor.type=md5
```

再次，设置脱敏表。针对实例中的场景，我们可以选择对 user_name 列设置 plainColumn、cipherColumn 及 encryptor 的属性，而对 pwd 列来说，不希望在数据库中存储明文，所以只需要配置 cipherColumn 和 encryptor 的属性即可，代码如下。

```
# 设置脱敏表
spring.shardingsphere.encrypt.tables.encrypt_user.columns.user_name.plainColumn=user_name_plain
spring.shardingsphere.encrypt.tables.encrypt_user.columns.user_name.cipherColumn=user_name
spring.shardingsphere.encrypt.tables.encrypt_user.columns.user_name.encryptor=name_encryptor
spring.shardingsphere.encrypt.tables.encrypt_user.columns.pwd.cipherColumn=pwd
spring.shardingsphere.encrypt.tables.encrypt_user.columns.pwd.encryptor=pwd_encryptor
```

最后，ShardingSphere 还提供了一个属性开关，当底层数据库表中同时存储了明文和密文数据后，该属性开关用于决定是直接查询数据库表中的明文数据进行返回，还是查询密文数据并进行解密之后再返回，代码如下：

```
# 设置是否查询密文开关
spring.shardingsphere.props.query.with.cipher.comlum=true
```

7.2.3　执行数据脱敏

现在，配置工作一切就绪，我们来执行测试实例。首先执行数据插入操作，数据表中对应的字段存储的就是加密后的密文数据，如图 7-5 所示。

user_id	user_name	user_name_plain	pwd
1	R6xCLZyWojgwep4jWkNCAg==	username_1	99024280cab824efca53a5d1341b9210
2	9zAbjF2z7G5tj2xaeq39mw==	username_2	36ddda5af915d91549d3ab5bff1bafec
3	qGkEy+sDSEggOq5ur4Yc+g==	username_3	7d7e94f4e318389eb8de80dcaddffb32
4	0uTjpW3s+Ppcr4gfqpUMIw==	username_4	973a44c52462cf4ef8c51b24fe3b32c1
5	6DBWzx5sghtqXqHh9r1DCQ==	username_5	d9a36435ccd8ffefb5f37776d1ac93b7
6	EkPHTLpC5yrg+G1dsZb3Zw==	username_6	949073f41f1ef3d811d16ab8043fa2b2
7	/mk3tZpThGD6w06WLsC9fg==	username_7	5c4de7736866d8bea85ef5d225430f46
8	eVJp1JA1//KIOhku3DLTkA==	username_8	97560659e8135e0e6f2282a7f858d323
9	egdX67bBbDpRP6OYT4vsaA==	username_9	abf3a89d7a8d5cca88ed7bd86ff51bfe
10	GW/cfly7F71LmB89qr7u9Q==	username_10	650b3e380050cdc3b6c5ede607857df4

图 7-5　基于数据脱敏机制的数据插入结果示意图

在这个过程中，ShardingSphere 会把原始的 SQL 语句转换为用于数据脱敏的目标语句，如图 7-6 所示。

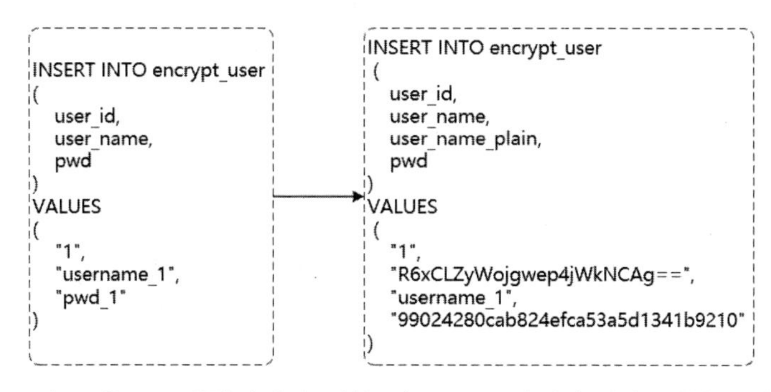

图 7-6　原始 SQL 语句与数据脱敏目标 SQL 语句之间的自动转换示意图

然后，执行查询语句并获取控制台日志：

```
INFO 31808 --- [main] ShardingSphere-SQL : Rule Type: encrypt
INFO 31808 --- [main] ShardingSphere-SQL : SQL: SELECT * FROM
encrypt_user;
user_id: 1, user_name: username_1, pwd:
99024280cab824efca53a5d1341b9210
user_id: 2, user_name: username_2, pwd:
36ddda5af915d91549d3ab5bff1bafec
...
```

可以看到，这里的路由类型为“encrypt”，获取的 user_name 是经过解密之后的明文，而不是数据库中存储的密文，这就是 spring.shardingsphere.props.query.with.cipher.comlum=true 配置项所起到的作用。如果将这个配置项设置为 false，那么返回的就是密文。

7.3 本章小结

数据脱敏是数据库管理和数据访问控制的一个重要话题，本章主要讲解了 ShardingSphere 针对数据脱敏提供的技术方案。首先围绕 ShardingSphere 对数据脱敏功能的抽象过程进行讲解，分别介绍了敏感数据存储方式、敏感数据加解密方式及业务代码集成数据脱敏。然后，返回具体实例，继续对系统进行数据脱敏改造，并给出了具体的配置和执行过程。

第 8 章

ShardingSphere 编排治理

随着分布式系统和微服务架构的持续发展，对系统中存在的各种服务和资源进行统一的治理已经成为系统架构设计过程中的一个基础要点。ShardingSphere 作为一款分布式数据库中间件，同样集成了编制治理方面的功能。

ShardingSphere 的编排治理功能非常丰富，与日常开发紧密相关的是它的配置中心和注册中心功能。ShardingSphere 对这两个功能提供了自己的抽象和实现方案。而在分布式系统开发过程中，链路跟踪是一个基础设施类的功能。作为一款分布式数据库中间件，ShardingSphere 也内置了简单而完整的链路跟踪机制。

本章主要围绕 ShardingSphere 所提供的各项编排治理功能进行讲解，其讲解思路与第 7 章的风格一致，即先讨论 ShardingSphere 对编排治理的抽象过程，然后给出在开发过程中集成编排治理功能的系统改造方案。

8.1 编排治理解决方案

本节将介绍 ShardingSphere 所提供的编排治理解决方案，包括配置中心、注册中心和链路跟踪。

8.1.1 配置中心

关于配置信息的管理，常见的做法是把它们存储在配置文件中，我们可以基于 YAML 格式或 XML 格式的配置文件完成配置信息的维护，这在 ShardingSphere 中也都得到了支持。在单块系统中，配置文件能够满足需求，围绕配置文件展开的配置管理工作通常不会有太大挑战。但在分布式系统中，越来越多的运行实例，使得散落的配置难于管理，配置不同步导致的问题十分严重。将配置集中于配置中心，可以更加有效地进行管理。

采用配置中心也就意味着采用集中式配置管理的设计思想。在集中式配置中心中，开发、测试和生产等不同的环境配置信息统一保存在配置中心中，这是一个维度。而另一个维度就是需要确保分布式集群中同一类服务的所有服务实例保存同一份配置文件并且能够同步更新。配置中心的示意图如图 8-1 所示。

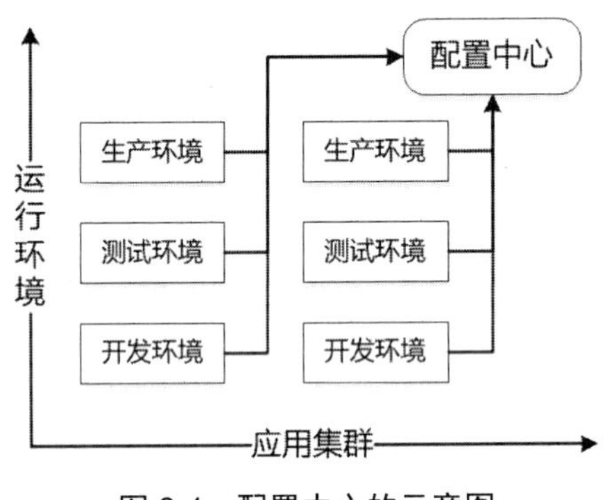

图 8-1 配置中心的示意图

ShardingSphere 提供了多种配置中心的实现方案，包括主流的 ZooKeeper、Etcd、Apollo 和 Nacos。开发人员也可以根据需要实现自己的配置中心并通过 SPI 机制加载到 ShardingSphere 运行环境中。

另外，配置信息不是一成不变的。对修改后的配置信息的统一分发是配置中心可以提供的一个重要功能。配置中心中配置信息的任何变化都可以实时同步到各个服务实例。在 ShardingSphere 中，通过配置中心可以支持数据源、数据表、分片及读写分离策略的动态切换。

同时，在集中式配置信息管理方案的基础上，ShardingSphere 也支持从本地加载配置信息的实现方案。如果我们希望以本地的配置信息为准，并将本地配置覆盖配置中心的配置，通过一个开关就可以做到这一点。

8.1.2 注册中心

在实现方案上，注册中心实际上与配置中心非常类似，ShardingSphere 也提供了基于 ZooKeeper 和 Etcd 两款第三方工具的注册中心实现方案，而 ZooKeeper 和 Etcd 同样也可以被用作配置中心。

注册中心与配置中心的不同之处在于两者保存的数据类型。配置中心管理的显然是配置数据，但注册中心存储的是 ShardingSphere 运行时的各种动态/临时状态数据，最典型的运行时状态数据就是当前的 Datasource 实例。那么，保存这些动态和临时状态数据有什么用呢？我们来看一下图 8-2。

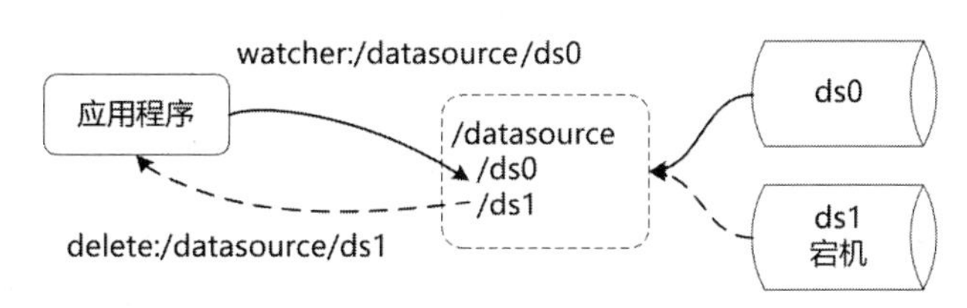

图 8-2 注册中心的数据存储和监听机制示意图

注册中心一般都提供了分布式协调机制。在注册中心中，所有 DataSource 在指定路径根目录下创建临时节点，所有访问这些 DataSource 的业务服务监听该目录。当有新的 DataSource 加入时，注册中心实时通知所有业务服务，业务服务进行相应路由信息维护；而当某个 DataSource 宕机时，业务服务通过监听机制同样会收到通知。基于这种机制，我们就可以提供针对 DataSource 的治理能力，包括熔断对某一个 DataSource 的数据访问，或者禁用对 DataSource 的访问等。

在 ShardingSphere 中，注册中心更多面向框架内部使用，普通场景下不需要过多了解注册中心的使用方法。目前，ShardingSphere 针对注册中心所打造的面向开发人员的功能也还比较有限，我们还是可以通过梳理注册中心的实现原理，以及在框架内部的使用情况来深入理解 ShardingSphere 中的注册中心解决方案。

8.1.3 链路跟踪

在介绍具体的链路跟踪使用过程之前，我们有必要先来了解一些关于链路跟踪的理论知识。

实际上，分布式环境下的服务跟踪原理并不复杂，先引入 TraceId 和 SpanId 两个基本概念。

（1）TraceId

TraceId 即跟踪 Id。在调用过程中，每个请求生成一个全局的唯一性 Id，通过这个 Id 可以串联起整个调用链。也就是说，请求在分布式系统内部流转时，系统需要始终保持传递该唯一性 Id，直到请求返回。这个唯一性 Id 就是 TraceId。

（2）SpanId

除了 TraceId，我们还需要 SpanId，SpanId 一般被称为跨度 Id。当请求到达各个服务组件时，通过 SpanId 来标识它的开始、具体执行过程和结束。每个 Span 必须有开始和结束两个节点，通过记录开始 Span 和结束 Span 的时间戳统计该 Span 的时间延迟。

在整个调用过程中每个请求都要透传 TraceId 和 SpanId。每个服务将该次请求附带的 SpanId 作为父 SpanId 进行记录，并且生成自己的 SpanId。一个没有父 SpanId 的 Span 即为根 Span，可以看成调用链入口。所以想要查看某次完整的调用只需根据 TraceId 查出所有调用记录，然后通过父 SpanId 和 SpanId 组织起整个调用父子关系。事实上，围绕如何构建 Trace 和 Span 之间统一的关联关系，业界也存在一个通用的链接跟踪协议，即 OpenTracing 协议。

OpenTracing 是一种协议，也使用与上面介绍的类似的术语来表示链路跟踪的过程。通过提供平台无关、厂商无关的 API，OpenTracing 使得开发人员能够方便地添加或更换链路跟踪系统的实现。目前，Java、Go、Python 等开发语言都提供了对 OpenTracing 协议的支持。

我们以 Java 为例来介绍 OpenTracing 协议的应用方式。OpenTracing API 存在相互关联的最重要的对象，也就是 Tracer 接口和 Span 接口。

对 Tracer 接口来说，最重要就是 buildSpan()方法，该方法用来根据某一个操作创建一个 SpanBuilder 对象，代码如下：

```
SpanBuilder buildSpan(String operationName);
```

我们看到上述 buildSpan()方法返回的实际上是一个 SpanBuilder 对象，而 SpanBuilder 中则存在一组 withTag()重载方法，该方法用于为当前 Span 添加一个标签。标签的作用是供用户进行自定义，可以用来检索查询的标记，是一组“键-值”对。withTag()方法的定义代码如下：

```
SpanBuilder withTag(String key, String value);
```

我们可以为一个 Span 添加多个 Tag，当添加完 Tag 之后，就可以调用 start()方法来启动 Span，代码如下：

```
Span start();
```

需要注意的是，start()方法会返回一个 Span 对象，一旦获取了 Span 对象，就可以调用该对象中的 finish()方法来结束 Span 对象，finish()方法会为 Span 对象自动填充结束时间，代码如下：

```
void finish();
```

基于以上对 OpenTracing API 的介绍，在业务代码中嵌入链路跟踪的常见实现方法可以用如下代码进行抽象：

```
//从 OpenTracing 规范的实现框架中获取 Tracer 对象
Tracer tracer = new XXXTracer();

//创建一个 Span 并启动
Span span = tracer.buildSpan("test").start();

//将标签添加到 Span 中
span.setTag(Tags.COMPONENT, "test-application");

//执行相关业务逻辑，完成 Span
span.finish();

//可以根据需要获取 Span 中的相关信息
System.out.println("Operation name = " + span.operationName());
System.out.println("Start = " + span.startMicros());
```

```
System.out.println("Finish = " + span.finishMicros());
```

事实上，ShardingSphere 集成 OpenTracing API 的做法基本与上述方法类似。

8.2 配置中心的使用方法

在使用上，由于配置中心的创建需要依赖第三方工具，所以我们需要先完成开发环境的准备工作。

8.2.1 准备开发环境

为了集成配置中心，第一步需要引入 ShardingSphere 编排治理相关的依赖包。在 Spring Boot 环境中，这个依赖包是 sharding-jdbc-orchestration-spring-boot-starter，代码如下：

```
<dependency>
    <groupId>org.apache.shardingsphere</groupId>
    <artifactId>sharding-jdbc-orchestration-spring-boot-starter
    </artifactId>
</dependency>
```

下面将演示如何基于 ZooKeeper 这款分布式协调工具来实现配置中心，而在 ShardingSphere 中集成的 ZooKeeper 客户端组件是 Curator，所以也需要引入 sharding-orchestration-reg-zookeeper-curator 包，代码如下：

```
<dependency>
    <groupId>org.apache.shardingsphere</groupId>
    <artifactId>sharding-orchestration-reg-zookeeper-curator
    </artifactId>
</dependency>
```

如果我们使用的是 Nacos，那么也需要添加相关的依赖包，代码如下：

```
<dependency>
    <groupId>org.apache.shardingsphere</groupId>
```

```
        <artifactId>sharding-orchestration-reg-nacos</artifactId>
    </dependency>

    <dependency>
        <groupId>com.alibaba.nacos</groupId>
        <artifactId>nacos-client</artifactId>
    </dependency>
```

现在，开发环境已经就绪，对配置中心来说，开发人员主要的工作还是配置，我们一起来看一下有哪些针对配置中心的配置项。

8.2.2　掌握配置项

针对配置中心，ShardingSphere 提供了一系列的 DataSource，包括用于数据分片的 OrchestrationShardingDataSource、用于读写分离的 OrchestrationMasterSlaveDataSource 及用于数据脱敏的 OrchestrationEncryptDataSource。围绕这些 DataSource 也存在对应的 DataSourceFactory 工厂类。这里以 OrchestrationMasterSlaveDataSourceFactory 为例来看一下创建 DataSource 所需要的配置类，代码如下：

```
public final class OrchestrationMasterSlaveDataSourceFactory {

    public static DataSource createDataSource(final Map<String, 
DataSource> dataSourceMap, final MasterSlaveRuleConfiguration 
masterSlaveRuleConfig, final Properties props, final 
OrchestrationConfiguration orchestrationConfig) throws SQLException {
        if (null == masterSlaveRuleConfig || null == 
masterSlaveRuleConfig.getMasterDataSourceName()) {
            return createDataSource(orchestrationConfig);
        }

        MasterSlaveDataSource masterSlaveDataSource = new 
MasterSlaveDataSource(dataSourceMap, new 
MasterSlaveRule(masterSlaveRuleConfig), props);
```

```
        return new
OrchestrationMasterSlaveDataSource(masterSlaveDataSource,
orchestrationConfig);
    }
    …
}
```

可以看到，这里有一个治理规则配置类 OrchestrationConfiguration，而在其他的 DataSourceFactory 中所使用的也是这个配置类，代码如下：

```
public final class OrchestrationConfiguration {

    //治理规则名称
    private final String name;
    //注册（配置）中心配置类
    private final RegistryCenterConfiguration regCenterConfig;
    //本地配置是否覆写服务器配置标志位
    private final boolean overwrite;
}
```

在 OrchestrationConfiguration 中我们看到了用于指定本地配置是否覆写服务器配置的overwrite标志位，也看到了一个注册中心的配置子类RegistryCenterConfiguration。RegistryCenterConfiguration 包含的内容比较多，我们截取最常见、最通用的部分配置项，代码如下：

```
public final class RegistryCenterConfiguration extends
TypeBasedSPIConfiguration {

    //配置中心服务器列表
    private String serverLists;
    //命名空间
    private String namespace;
    …
}
```

这里包含了配置中心服务器列表 serverLists 及用于标识唯一性的命名空间 namespace。因为 RegistryCenterConfiguration 继承了 TypeBasedSPIConfiguration，所以也就会自动带有 type 和 properties 两个配置项。

8.2.3 实现配置中心

下面来实现基于 ZooKeeper 的配置中心。首先，下载 ZooKeeper 服务器组件，并确保启动成功。如果采用默认配置，那么 ZooKeeper 会在 2181 端口启动请求监听。

其次，创建一个配置文件并输入配置项，这里还是以读写分离为例进行演示。在配置文件中，我们设置了一主两从共 3 个数据源，代码如下：

```
spring.shardingsphere.datasource.names=dsmaster,dsslave0,dsslave1

# 配置数据源 dsmaster
spring.shardingsphere.datasource.dsmaster.type=com.zaxxer.hikari.HikariDataSource
spring.shardingsphere.datasource.dsmaster.driver-class-name=com.mysql.jdbc.Driver
spring.shardingsphere.datasource.dsmaster.jdbc-url=jdbc:mysql://localhost:3306/dsmaster
spring.shardingsphere.datasource.dsmaster.username=root
spring.shardingsphere.datasource.dsmaster.password=root

# 配置数据源 dsslave0
spring.shardingsphere.datasource.dsslave0.type=com.zaxxer.hikari.HikariDataSource
spring.shardingsphere.datasource.dsslave0.driver-class-name=com.mysql.jdbc.Driver
spring.shardingsphere.datasource.dsslave0.jdbc-url=jdbc:mysql://localhost:3306/dsslave0
spring.shardingsphere.datasource.dsslave0.username=root
spring.shardingsphere.datasource.dsslave0.password=root

# 配置数据源 dsslave1
spring.shardingsphere.datasource.dsslave1.type=com.zaxxer.hikari.HikariDataSource
spring.shardingsphere.datasource.dsslave1.driver-class-name=com.mysql.jdbc.Driver
spring.shardingsphere.datasource.dsslave1.jdbc-url=jdbc:mysql://localhost:3306/dsslave1
```

```
    spring.shardingsphere.datasource.dsslave1.username=root
    spring.shardingsphere.datasource.dsslave1.password=root

    # 设置读写分离策略
    spring.shardingsphere.masterslave.load-balance-algorithm-type=random
    spring.shardingsphere.masterslave.name=health_ms
    spring.shardingsphere.masterslave.master-data-source-name=dsmaster
    spring.shardingsphere.masterslave.slave-data-source-
names=dsslave0,dsslave1

    spring.shardingsphere.props.sql.show=true
```

再次，指定配置中心，将 overwrite 的值设置为 true，这意味着前面的这些本地配置项会覆盖保存在 ZooKeeper 服务器上的配置项。也就是说，我们采用的是本地配置模式。设置配置中心类型为 zookeeper，服务器列表为 localhost:2181，并将命名空间设置为 orchestration-health_ms。

```
    # 设置配置中心
    spring.shardingsphere.orchestration.name=health_ms
    spring.shardingsphere.orchestration.overwrite=true
    spring.shardingsphere.orchestration.registry.type=zookeeper
    spring.shardingsphere.orchestration.registry.server-
lists=localhost:2181
    spring.shardingsphere.orchestration.registry.namespace=orchestration-
health_ms
```

然后，启动服务，控制台会出现与 ZooKeeper 进行通信的相关日志信息：

```
    INFO 20272 --- [main] org.apache.zookeeper.ZooKeeper          :
Initiating client connection, connectString=localhost:2181
sessionTimeout=60000
watcher=org.apache.curator.ConnectionState@585ac855
    INFO 20272 --- [0:0:0:0:1:2181)] org.apache.zookeeper.ClientCnxn :
Opening socket connection to server
0:0:0:0:0:0:0:1/0:0:0:0:0:0:0:1:2181. Will not attempt to authenticate
using SASL (unknown error)
    INFO 20272 --- [0:0:0:0:1:2181)] org.apache.zookeeper.ClientCnxn :
Socket connection established to 0:0:0:0:0:0:0:1/0:0:0:0:0:0:0:1:2181,
initiating session
```

```
    INFO 20272 --- [0:0:0:0:1:2181)] org.apache.zookeeper.ClientCnxn :
Session establishment complete on server
0:0:0:0:0:0:0:1/0:0:0:0:0:0:0:1:2181, sessionid = 0x10022dd7e680001,
negotiated timeout = 40000
    INFO 20272 --- [ain-EventThread]
o.a.c.f.state.ConnectionStateManager : State change: CONNECTED
```

同时，ZooKeeper 服务器端也对来自应用程序的请求进行了响应，可以使用一些 ZooKeeper 可视化客户端工具来观察目前服务器上的数据。这里，我们使用了 ZooInspector 工具。ZooKeeper 本质上就是树状结构，现在，在根节点中就新增了配置信息，如图 8-3 所示。

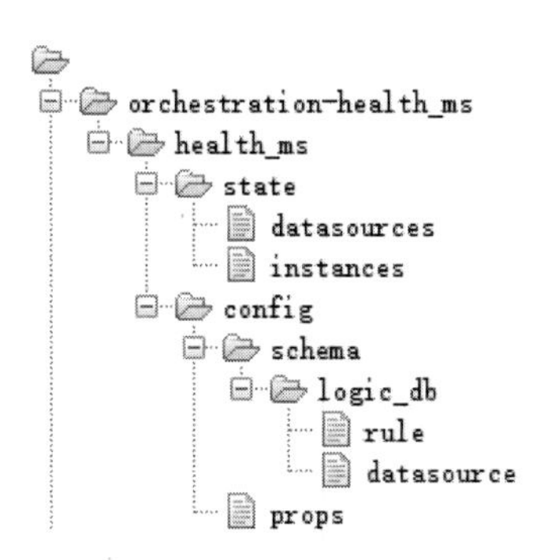

图 8-3　ZooKeeper 中的配置节点图

我们关注 logic_db 文件夹中的内容，其中 rule 节点包含了读写分离的规则设置，如图 8-4 所示。

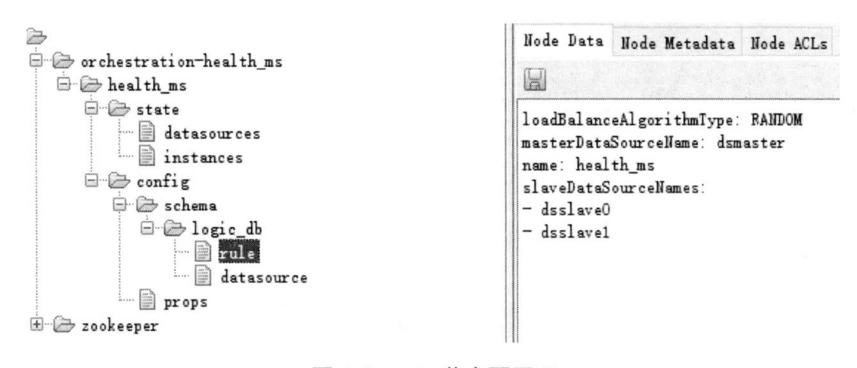

图 8-4　rule 节点配置项

而 datasource 节点包含的显然是前面所指定的各个数据源信息。因为在本地配置文件中将 spring.shardingsphere.orchestration.overwrite 配置项设置为 true，这样本地配置的变化就会影响服务器端配置，进而影响所有使用这些配置的应用程序。如果我们不希望产生这种影响，而是想要统一使用位于配置中心上的配置，那么应该怎么做呢？

很简单，只需要将 spring.shardingsphere.orchestration.overwrite 配置项设置为 false 即可。关闭这个配置开关，表示将只从配置中心读取配置，也就意味着本地不需要保存任何配置信息。所以，这时本地的配置信息就只包含指定配置中心的相关内容，代码如下：

```
# 设置配置中心
spring.shardingsphere.orchestration.name=health_ms
spring.shardingsphere.orchestration.overwrite=false
spring.shardingsphere.orchestration.registry.type=zookeeper
spring.shardingsphere.orchestration.registry.server-lists=localhost:2181
spring.shardingsphere.orchestration.registry.namespace=orchestration-health_ms
```

执行测试实例，我们会发现读写分离规则同样生效。如果选择使用其他的框架来构建配置中心服务器，如阿里巴巴的 Nacos，那么也很简单，只需要将 spring.shardingsphere.orchestration.registry.type 设置为 Nacos 并提供对应的 server-lists 即可，代码如下：

```
# 设置配置中心
spring.shardingsphere.orchestration.name=health_ms
spring.shardingsphere.orchestration.overwrite=true
spring.shardingsphere.orchestration.registry.type=nacos
spring.shardingsphere.orchestration.registry.server-lists=localhost:8848
spring.shardingsphere.orchestration.registry.namespace=
```

8.3　注册中心的使用方法

需要注意的是，与配置中心不同，注册中心更像是一个底层工具，关键是我们对其如何使用。在 ShardingSphere 中，注册中心通常不会直接面向业务开发人员，但却在整个框架内部运行中发挥着核心作用。本节将从 ShardingSphere 自身的立场上，来基于源码分析注册中心的使用方法。

8.3.1　通过注册中心构建编排治理服务

在 ShardingSphere 中，使用注册中心 RegistryCenter 的入口是在 ShardingOrchestrationFacade 类中。这个类的代码不多，但引出了很多新的类和概念。我们先来看一下它的变量定义，代码如下：

```
//注册中心
private final RegistryCenter regCenter;
//配置服务
private final ConfigurationService configService;
//状态服务
private final StateService stateService;
//监听管理器
private final ShardingOrchestrationListenerManager listenerManager;
```

我们先来关注 ConfigurationService 这个新类，该类实际上是构建在 RegistryCenter 之上的。

（1）ConfigurationService

ConfigurationService 类对外提供了管理各种配置信息的入口。在 ConfigurationService 类中，除了保存着 RegistryCenter，还存在一个 ConfigurationNode 类，该类定义了保存在注册中心中各种数据的配置项及管理这些配置项的工具方法，具体配置项的代码如下：

```
private static final String ROOT = "config";
private static final String SCHEMA_NODE = "schema";
```

```
    private static final String DATA_SOURCE_NODE = "datasource";
    private static final String RULE_NODE = "rule";
    private static final String AUTHENTICATION_NODE = "authentication";
    private static final String PROPS_NODE = "props";
    private final String name;
```

基于 ShardingSphere 对这些配置项的管理方式，我们可以将这些配置项与具体的存储结构相对应，如图 8-5 所示。

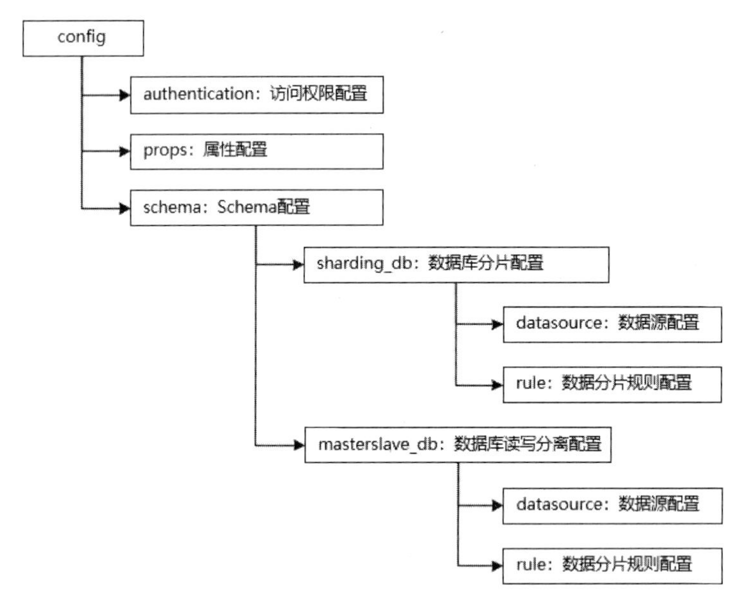

图 8-5　配置项存储结构示意图

有了配置项之后，我们就需要对其进行保存，ConfigurationService 类中的 persistConfiguration()方法完成了这一目的，代码如下：

```
    public void persistConfiguration(final String shardingSchemaName,
final Map<String, DataSourceConfiguration> dataSourceConfigs, final
RuleConfiguration ruleConfig, final Authentication authentication,
final Properties props, final boolean isOverwrite) {
        persistDataSourceConfiguration(shardingSchemaName,
dataSourceConfigs, isOverwrite);
        persistRuleConfiguration(shardingSchemaName, ruleConfig,
isOverwrite);
```

```
        persistAuthentication(authentication, isOverwrite);
        persistProperties(props, isOverwrite);
    }
```

这里列举了 4 个 persist()方法，分别用于保存 DataSource、Rule、Authentication 及 Properties。我们以 persistDataSourceConfiguration()方法为例来看它的实现过程，代码如下：

```
    private void persistDataSourceConfiguration(final String
shardingSchemaName, final Map<String, DataSourceConfiguration>
dataSourceConfigurations, final boolean isOverwrite) {

        //判断是否覆盖现有配置
        if (isOverwrite
            || !hasDataSourceConfiguration(shardingSchemaName)) {
          Preconditions.checkState(null != dataSourceConfigurations
&& !dataSourceConfigurations.isEmpty(), "No available data source in
`%s` for orchestration.", shardingSchemaName);

          //构建 YamlDataSourceConfiguration
          Map<String, YamlDataSourceConfiguration>
yamlDataSourceConfigurations =
Maps.transformValues(dataSourceConfigurations,
                  new Function<DataSourceConfiguration,
YamlDataSourceConfiguration>() {

                      @Override
                      public YamlDataSourceConfiguration apply(final
DataSourceConfiguration input) {
                          return new
DataSourceConfigurationYamlSwapper().swap(input);
                      }
                  }
          );

          //通过注册中心进行持久化
          regCenter.persist(configNode.getDataSourcePath(shardingSchema
```

```
Name), YamlEngine.marshal(yamlDataSourceConfigurations));
        }
    }
```

可以看到，这里使用了 Google Guava 框架中的 Maps.transformValues()方法将输入的 DataSourceConfiguration 类转换成了 YamlDataSourceConfiguration 类，而转换的过程则借助于 DataSourceConfigurationYamlSwapper 类。关于 ShardingSphere 中的 YamlSwapper 接口及各种实现类已经在 2.2.4 节中进行了详细介绍，这里只需要明确，通过 DataSourceConfigurationYamlSwapper 类能够把 yaml 配置文件中的 DataSource 配置转化为 YamlDataSourceConfiguration 类。

当获取了所需的 YamlDataSourceConfiguration 类之后，我们就可以调用注册中心的 persist()方法完成数据的持久化，这就是 persistDataSourceConfiguration()方法的最后一句代码的作用。在这个过程中，我们同样需要把 YamlDataSourceConfiguration 类的数据结构转换为一个字符串，这部分工作是由 YamlEngine 来完成。

ConfigurationService 中其他方法的处理过程与 persistDataSourceConfiguration()方法在本质上是一样的，只是所使用的数据类型和结构有所不同，这里不再赘述。

（2）StateService

介绍完 ConfigurationService 类之后，我们来介绍 ShardingOrchestrationFacade 类中的另一个核心变量 StateService 类。

从命名上讲，StateService 这个类名有点模糊，更合适的叫法应该是 InstanceStateService，用于管理数据库实例的状态。针对数据库实例的状态，存储在注册中心中的数据结构包括 instances 节点和 datasources 节点，存储结构如图 8-6 所示。

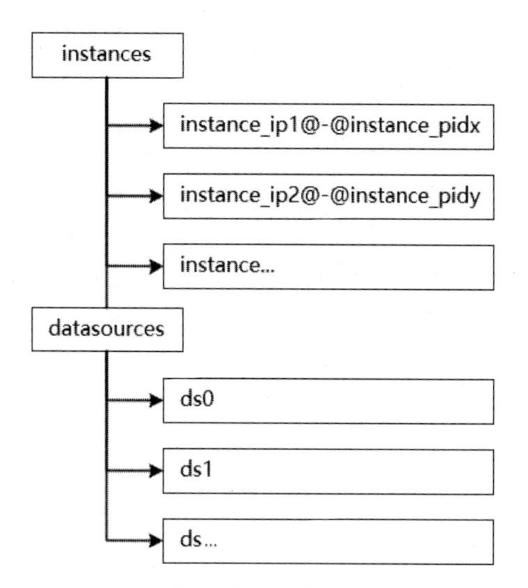

图 8-6　数据库实例状态存储结构

StateService 类保存着 StateNode 对象，StateNode 对象中的变量与上面的数据结构实例相对应，代码如下：

```
private static final String ROOT = "state";
private static final String INSTANCES_NODE_PATH = "instances";
private static final String DATA_SOURCES_NODE_PATH = "datasources";
private final String name;
```

StateService 类同时还保存着 OrchestrationInstance 对象，该对象用于根据服务器的 IP 地址、PID、一串 UUID 及分隔符@构建 instanceId，代码如下：

```
    instanceId = IpUtils.getIp() + DELIMITER +
ManagementFactory.getRuntimeMXBean().getName().split(DELIMITER)[0] +
DELIMITER + UUID.randomUUID().toString();
```

需要注意的是，StateService 类对于 instances 节点和 datasources 节点的保存机制是不一样的，代码如下：

```
    //使用临时节点保存实例信息
    public void persistInstanceOnline() {
        regCenter.persistEphemeral
(stateNode.getInstancesNodeFullPath(instance.getInstanceId()), "");
    }
```

```
    //使用持久化节点保存数据源
    public void persistDataSourcesNode() {
        regCenter.persist(stateNode.getDataSourcesNodeFullRootPath(),
"");
    }
```

可以看到，保存 Instance 使用的是 RegistryCenter 中基于临时节点的 persistEphemeral()方法，而保存 DataSources 使用的是基于持久化节点的 persist()方法，这样处理是有原因的。在可用性设计上，运行实例一般均可以标识为临时节点，当实例上线时注册，下线时自动清理。

（3）ShardingOrchestrationListenerManager

我们接着来看一下 ShardingOrchestrationFacade 中的一个 ShardingOrchestrationListenerManager 类，从命名上看该类用于管理各种处理变更事件的监听器 Listener。而从前文分析中，我们不难看出系统应该存在两大类的 Listener：一类用于监听配置信息的变更；另一类用于监听实例状态的变更。我们可以在 ShardingOrchestrationListenerManager 中找到了两个 ListenerManager，即 ConfigurationChangedListenerManager 和 StateChangedListenerManager，代码如下：

```
    public final class ShardingOrchestrationListenerManager {

        //设置变更监听管理器
        private final ConfigurationChangedListenerManager
configurationChangedListenerManager;
        //状态变更监听管理器
        private final StateChangedListenerManager
stateChangedListenerManager;

        public ShardingOrchestrationListenerManager(final String name,
final RegistryCenter regCenter, final Collection<String>
shardingSchemaNames) {
            configurationChangedListenerManager = new
ConfigurationChangedListenerManager(name, regCenter,
shardingSchemaNames);
            stateChangedListenerManager = new
StateChangedListenerManager(name, regCenter);
```

```
    }

    public void initListeners() {
        configurationChangedListenerManager.initListeners();
        stateChangedListenerManager.initListeners();
    }
}
```

这里创建了两个 ListenerManager，并调用 initListeners()方法进行初始化。以 ConfigurationChangedListenerManager 为例，我们来看一下它的内部结构，代码所示：

```
public final class ConfigurationChangedListenerManager {

    private final SchemaChangedListener schemaChangedListener;

    private final PropertiesChangedListener
propertiesChangedListener;

    private final AuthenticationChangedListener
authenticationChangedListener;

    public ConfigurationChangedListenerManager(final String name,
final RegistryCenter regCenter, final Collection<String>
shardingSchemaNames) {
        schemaChangedListener = new SchemaChangedListener(name,
regCenter, shardingSchemaNames);
        propertiesChangedListener = new
PropertiesChangedListener(name, regCenter);
        authenticationChangedListener = new
AuthenticationChangedListener(name, regCenter);
    }

    public void initListeners() {
        schemaChangedListener.watch(ChangedType.UPDATED,
ChangedType.DELETED);
        propertiesChangedListener.watch(ChangedType.UPDATED);
        authenticationChangedListener.watch(ChangedType.UPDATED);
```

```
    }
}
```

可以看到，这里定义了 SchemaChangedListener、PropertiesChangedListener 和 AuthenticationChangedListener 共 3 个 Listener。显然，它们对应 ConfigurationService 中的 3 个顶层配置项 schema、props 和 authentication。然后对于这 3 种配置项，我们分别根据需要对某个具体操作添加监视。从上面的代码中我们可以看到，对 schema 配置项来说，当进行 UPDATE 操作和 DELETE 操作时，我们需要响应事件；而对 props 和 authentication 配置项来说，只需关注 UPDATE 操作。

因为这些具体的事件及监听机制的处理方式大同小异，因此我们就以 SchemaChangedListener 为例进行进一步分析。SchemaChangedListener 继承自 PostShardingOrchestrationEventListener 抽象类，而后者又实现了 ShardingOrchestrationListener 接口，该接口的定义代码如下：

```
public interface ShardingOrchestrationListener {

    //监听事件
    void watch(ChangedType... watchedChangedTypes);
}
```

PostShardingOrchestrationEventListener 实现了 ShardingOrchestrationListener 接口，其实现过程的代码如下：

```
public abstract class PostShardingOrchestrationEventListener
implements ShardingOrchestrationListener {

    //创建 EventBus
    private final EventBus eventBus =
ShardingOrchestrationEventBus.getInstance();

    private final RegistryCenter regCenter;

    private final String watchKey;

    @Override
```

```
    public final void watch(final ChangedType...
watchedChangedTypes)
    {
        final Collection<ChangedType> watchedChangedTypeList =
Arrays.asList(watchedChangedTypes);
        regCenter.watch(watchKey, new DataChangedEventListener() {

            @Override
            public void onChange(final DataChangedEvent
dataChangedEvent) {
                if
(watchedChangedTypeList.contains(dataChangedEvent.getChangedType())) {
                    //通过 EventBus 发布事件
                    eventBus.post(createShardingOrchestrationEvent
(dataChangedEvent));
                }
            }
        });
    }

    protected abstract ShardingOrchestrationEvent
createShardingOrchestrationEvent(DataChangedEvent event);
}
```

上述代码的核心机制是通过 RegistryCenter 的 watch()方法为具体的事件添加事件处理程序，而这个事件处理过程就是通过 Guava 中的 EventBus 类的 post()方法将事件进行进一步转发。至于所需要转发的具体事件类型由抽象方法 createSharding-OrchestrationEvent()来提供，PostShardingOrchestrationEventListener 中的各个子类需要实现这个抽象方法。

我们来看一下 PostShardingOrchestrationEventListener 的子类 SchemaChangedListener 对事件创建过程的处理方法，以 createDataSourceChangedEvent()方法为例进行介绍，这是一个比较典型的创建事件的方法，代码如下：

```
private DataSourceChangedEvent createDataSourceChangedEvent(final
String shardingSchemaName, final DataChangedEvent event) {
```

```
        Map<String, YamlDataSourceConfiguration>
dataSourceConfigurations = (Map)
YamlEngine.unmarshal(event.getValue());
        Preconditions.checkState(null != dataSourceConfigurations
&& !dataSourceConfigurations.isEmpty(), "No available data sources to
load for orchestration.");
        //创建 DataSourceChangedEvent
        return new DataSourceChangedEvent(shardingSchemaName,
Maps.transformValues(dataSourceConfigurations, new
Function<YamlDataSourceConfiguration, DataSourceConfiguration>() {

            @Override
            public DataSourceConfiguration apply(final
YamlDataSourceConfiguration input) {
            return new DataSourceConfigurationYamlSwapper().swap(input);
            }
        }));
    }
```

可以看到，这里再次用到了前文提到的YamlDataSourceConfiguration及YamlEngine，不同的是这次的处理流程是从YamlDataSourceConfiguration到DataSourceConfiguration。最终，我们构建了一个 DataSourceChangedEvent，包含 shardingSchemaName 及一个 dataSourceConfigurations 对象。

关于整个 Listener 机制可以简单归纳为，通过监听注册中心中相关数据项的操作情况来生成具体的事件，并对事件进行包装之后再进行转发。如何处理这些转发后的事件，取决于具体的应用场景，典型的一个应用场景就是我们接下来要介绍的数据访问的熔断控制。

8.3.2 使用注册中心实现数据访问熔断

ShardingOrchestrationFacade 是一个典型的外观类，通过分析代码的调用关系，我们发现 ShardingOrchestrationFacade 类的创建过程都发生在 sharding-jdbc-orchestration 代码工程的几个 DataSource 类中。我们先来看一下 AbstractOrchestrationDataSource 抽象类，定义该类的核心变量的代码如下：

```
    private final ShardingOrchestrationFacade
shardingOrchestrationFacade;
    //是否要进行熔断
    private boolean isCircuitBreak;
    private final Map<String, DataSourceConfiguration>
dataSourceConfigurations = new LinkedHashMap<>();
```

需要注意的是，这里还有一个 isCircuitBreak 变量，用来表示是否要进行熔断，接下来我们会对熔断机制及 isCircuitBreak 变量的使用方法进行详细介绍。

我们继续来看一下 AbstractOrchestrationDataSource()构造函数，代码如下：

```
    public AbstractOrchestrationDataSource(final
ShardingOrchestrationFacade shardingOrchestrationFacade) {
        this.shardingOrchestrationFacade = shardingOrchestrationFacade;
        //将 AbstractOrchestrationDataSource()构造函数注册 EventBus 中
        ShardingOrchestrationEventBus.getInstance().register(this);
    }
```

可以看到，这里用到了 Guava 中 EventBus 的 register()方法，该方法用于注册事件的订阅者。在前面介绍的内容中，我们留下了一个疑问，即所创建的这些 ShardingOrchestrationEvent 是如何被处理的呢？答案就在这里揭晓，所有通过 EventBus 的 post()方法所发布的事件的最终消费者就是 AbstractOrchestrationDataSource 类及它的各个子类。而在 AbstractOrchestrationDataSource 类中就不会存在 renew()方法，用于处理 CircuitStateChangedEvent 事件，代码如下：

```
    @Subscribe
    public final synchronized void renew(final CircuitStateChangedEvent
circuitStateChangedEvent) {
        isCircuitBreak = circuitStateChangedEvent.isCircuitBreak();
    }
```

可以看到，这里添加了@Subscribe 注解，一旦在系统中生成了 CircuitStateChanged-Event 事件，renew()方法就可以自动响应这类事件。在这个处理方法中，我们看到它从 CircuitStateChangedEvent 事件中获取了是否熔断的信息并赋值给 isCircuitBreak 变量。

在 AbstractOrchestrationDataSource 的 getConnection()方法中调用了 getDataSource()抽象方法以获取特定的 DataSource，进而获取特定的 Connection，代码如下：

```
    @Override
    public final Connection getConnection() throws SQLException {
        return isCircuitBreak ? new
CircuitBreakerDataSource().getConnection() :
getDataSource().getConnection();
    }
```

在这里我们看到了 isCircuitBreak 变量的作用。当 isCircuitBreak 变量的值为真时，返回的是一个特定的 CircuitBreakerDataSource 用于完成熔断操作。所谓熔断，其作用类似于家用熔断器，当某个服务出现不可用或响应超时的情况时，为了防止整个系统出现故障，暂时停止对该服务的调用。

那么 ShardingSphere 如何实现这一点呢？我们来看一下 CircuitBreakerDataSource 类，它的实现代码如下：

```
    public final class CircuitBreakerDataSource extends
AbstractUnsupportedOperationDataSource implements AutoCloseable {

        @Override
        public void close() {
        }

        @Override
        public Connection getConnection() {
            return new CircuitBreakerConnection();
        }

        @Override
        public Connection getConnection(final String username, final
String password) {
            return new CircuitBreakerConnection();
        }

        @Override
        public PrintWriter getLogWriter() {
            return null;
        }
```

```
    @Override
    public void setLogWriter(final PrintWriter out) {
    }

    @Override
    public Logger getParentLogger() {
        return null;
    }
}
```

可以看到，CircuitBreakerDataSource 类的 getConnection()方法返回了一个 CircuitBreakerConnection，而这个 CircuitBreakerConnection 中的 createStatement()方法和 prepareStatement()方法分别返回了 CircuitBreakerStatement 和 CircuitBreakerPrepared-Statement。我们发现这些 Statement 类及代表执行结果的 CircuitBreakerResultSet 类基本都是空实现，不会对数据库执行任何具体的操作，相当于实现了数据访问的熔断。

我们再来讨论另一个问题，即什么时候会触发熔断机制，也就是说什么时候会发送 CircuitStateChangedEvent 事件。让我们看一下 CircuitStateChangedEvent 事件的创建过程，代码如下：

```
public final class InstanceStateChangedListener extends
PostShardingOrchestrationEventListener {

    public InstanceStateChangedListener(final String name, final
RegistryCenter regCenter) {
        super(regCenter, new
StateNode(name).getInstancesNodeFullPath(OrchestrationInstance.getInsta
nce().getInstanceId()));
    }

    @Override
    protected CircuitStateChangedEvent
createShardingOrchestrationEvent(final DataChangedEvent event) {
        return new CircuitStateChangedEvent(StateNodeStatus.
DISABLED.toString().equalsIgnoreCase(event.getValue()));
    }
}
```

通过上述代码，我们不难发现当 StateNodeStatus 为 DISABLED 时，也就是当前的节点已经不可用时会发送 CircuitStateChangedEvent，从而触发熔断机制。

8.4 链路跟踪的使用方法

对 ShardingSphere 来说，框架本身并不负责如何采集、存储及展示应用性能监控的相关数据，而是将整个数据分片引擎中最核心的 SQL 语句解析与 SQL 语句执行相关信息发送至应用性能监控系统，并交由其处理。换句话说，ShardingSphere 仅负责产生具有价值的数据，并通过标准协议递交至第三方系统，而不对这些数据进行二次处理。

8.4.1 初始化第三方 Tracer 类

ShardingSphere 使用 OpenTracing API 发送性能追踪数据。支持 OpenTracing 协议的具体产品都可以和 ShardingSphere 自动对接，如 SkyWalking、Zipkin 和 Jaeger。在 ShardingSphere 中，使用这些具体产品的方式只需要在启动时配置 OpenTracing 协议的实现者即可，有两种方法可以做到这一点。

第一种方法，通过读取系统参数并注入 Tracer 实现类，可以在启动时添加如下参数：

```
-Dorg.apache.shardingsphere.opentracing.tracer.class=org.apache.
skywalking.apm.toolkit.opentracing.SkywalkingTracer
```

然后调用如下所示的初始化方法来使 Tracer 实现类生效：

```
ShardingTracer.init();
```

第二种方法更加简单，直接在上面的 ShardingTracer.init()方法中添加具体的 Tracer 实现类。

```
ShardingTracer.init(new SkywalkingTracer());
```

8.4.2 通过 ShardingTracer 获取 Tracer 类

下面对如何通过 ShardingTracer 获取 Tracer 类的实现过程进行讨论。

在 ShardingSphere 中，所有关于链路跟踪的代码都位于 sharding-opentracing 代码工程中。我们先来看一下 ShardingTracer 类，该类的 init()方法完成了 OpenTracing 协议实现类的初始化，代码如下：

```
    public static void init() {

        //从环境变量中获取 OpenTracing 协议的实现类配置
        String tracerClassName =
System.getProperty(OPENTRACING_TRACER_CLASS_NAME);
        Preconditions.checkNotNull(tracerClassName, "Can not find
opentracing tracer implementation class via system property `%s`",
OPENTRACING_TRACER_CLASS_NAME);
        try {
            //初始化 OpenTracing 协议的实现类
            init((Tracer) Class.forName(tracerClassName).newInstance());
        } catch (final ReflectiveOperationException ex) {
            throw new ShardingException("Initialize opentracing tracer
class failure.", ex);
        }
    }
```

我们通过配置的 OPENTRACING_TRACER_CLASS_NAME 获取 OpenTracing 协议实现类的类名，然后通过反射创建了实例。例如，我们可以配置 ShardingTracer 类为 Skywalking 框架中的 SkywalkingTracer 类，代码如下：

```
    org.apache.shardingsphere.opentracing.tracer.class=org.apache.skywa
lking.apm.toolkit.opentracing.SkywalkingTracer
```

ShardingTracer 类也提供了通过直接使用 OpenTracing 协议实现类的方法进行初始化。实际上 init()方法最终也是调用了 init()重载方法，代码如下：

```
    public static void init(final Tracer tracer) {
        if (!GlobalTracer.isRegistered()) {
            GlobalTracer.register(tracer);
        }
```

```
}
```

init()方法把 Tracer 对象存储到全局的 GlobalTracer 中。GlobalTracer 是 OpenTracing API 提供的一个工具类，使用设计模式中的单例模式来存储一个全局性的 Tracer 对象。它的变量定义、register()方法及 get()方法如下：

```
private static final GlobalTracer INSTANCE = new GlobalTracer();
public static synchronized void register(final Tracer tracer) {
    if (tracer == null) {
        throw new NullPointerException("Cannot register GlobalTracer 
<null>.");
    }
    if (tracer instanceof GlobalTracer) {
        LOGGER.log(Level.FINE, "Attempted to register the 
GlobalTracer as delegate of itself.");
        return; // no-op
    }
    if (isRegistered() && !GlobalTracer.tracer.equals(tracer)) {
        throw new IllegalStateException("There is already a current 
global Tracer registered.");
    }
    GlobalTracer.tracer = tracer;
}

public static Tracer get() {
    return INSTANCE;
}
```

初始化可以采用如下方法：

```
ShardingTracer.init(new SkywalkingTracer());
```

而获取具体 Tracer 对象的方法则直接调用 GlobalTracer 的同名方法即可，代码如下：

```
public static Tracer get() {
    return GlobalTracer.get();
}
```

8.4.3 基于 Hook 机制填充 Span

一旦获取了 Tracer 对象，我们就可以使用该对象来构建各种 Span。ShardingSphere 采用了 Hook 机制来填充 Span。Hook 是指代码钩子，或者是一种回调机制。例如，在分片引擎的解析环节中，SQLParseEngine 类的 parse()方法用到了 ParsingHook 接口，代码如下：

```
    public SQLStatement parse(final String sql, final boolean useCache)
{
        //基于 Hook 机制进行监控和跟踪
        ParsingHook parsingHook = new SPIParsingHook();
        parsingHook.start(sql);
        try {
            //完成 SQL 语句的解析，并返回一个 SQLStatement 对象
            SQLStatement result = parse0(sql, useCache);
            parsingHook.finishSuccess(result);
            return result;
        } catch (final Exception ex) {
            parsingHook.finishFailure(ex);
            throw ex;
        }
    }
```

需要注意的是，通过编号上述代码创建了一个 SPIParsingHook，并实现了 ParsingHook 接口，该接口的定义代码如下：

```
    public interface ParsingHook {

        //开始 Parse 时进行 Hook
        void start(String sql);

        //成功完成 Parse 时进行 Hook
        void finishSuccess(SQLStatement sqlStatement);

        //Parse 失败时进行 Hook
        void finishFailure(Exception cause);
    }
```

SPIParsingHook 实际上是一种容器类，将所有同类型的 Hook 通过 SPI 机制进行实例化并统一调用。SPIParsingHook 的实现方式如下：

```
public final class SPIParsingHook implements ParsingHook {

    private final Collection<ParsingHook> parsingHooks =
NewInstanceServiceLoader.newServiceInstances(ParsingHook.class);

    static {
        NewInstanceServiceLoader.register(ParsingHook.class);
    }

    @Override
    public void start(final String sql) {
        for (ParsingHook each : parsingHooks) {
            each.start(sql);
        }
    }

    @Override
    public void finishSuccess(final SQLStatement sqlStatement, final
ShardingTableMetaData shardingTableMetaData) {
        for (ParsingHook each : parsingHooks) {
            each.finishSuccess(sqlStatement, shardingTableMetaData);
        }
    }

    @Override
    public void finishFailure(final Exception cause) {
        for (ParsingHook each : parsingHooks) {
            each.finishFailure(cause);
        }
    }
}
```

这里出现了 NewInstanceServiceLoader 工具类。这样一旦实现了 ParsingHook，就会在执行 SQLParseEngine 类的 parse()方法时将 Hook 相关的功能嵌入系统的执行流程中。

另外，OpenTracingParsingHook 同样实现了 ParsingHook 接口，代码如下：

```
public final class OpenTracingParsingHook implements ParsingHook {

    private static final String OPERATION_NAME = "/" +
ShardingTags.COMPONENT_NAME + "/parseSQL/";

    private Span span;

    @Override
    public void start(final String sql) {
        //创建 Span 并设置 Tag
        span = ShardingTracer.get().buildSpan(OPERATION_NAME)
                .withTag(Tags.COMPONENT.getKey(),
ShardingTags.COMPONENT_NAME)
                .withTag(Tags.SPAN_KIND.getKey(),
Tags.SPAN_KIND_CLIENT)
                .withTag(Tags.DB_STATEMENT.getKey(),
sql).startManual();
    }

    @Override
    public void finishSuccess(final SQLStatement sqlStatement) {
        //成功时完成 Span
        span.finish();
    }

    @Override
    public void finishFailure(final Exception cause) {
        //失败时完成 Span (
        ShardingErrorSpan.setError(span, cause);
        span.finish();
    }
}
```

我们知道 Tracer 类提供了 buildSpan()方法创建自定义的 Span，并通过 withTag()

方法添加自定义的标签。最后，我们通过 finish()方法关闭 Span。在这里，我们看到了这些方法的具体应用场景。

在 ShardingSphere 中，同样存在一套完整的体系来完成对 ParsingHook 接口的实现，包括与 SPIParsingHook 同样充当容器类的 SPISQLExecutionHook，以及基于 OpenTracing 协议的 OpenTracingSQLExecutionHook，其实现过程与 OpenTracingParsingHook 一致，这里不再进行详细讲解。

8.5 本章小结

本章主要介绍了 ShardingSphere 编排治理的相关功能。ShardingSphere 提供了配置中心和注册中心两种治理机制，这两种治理机制采用了类似的底层设计，但面向不同的应用场景。我们结合实例，基于配置中心给出了具体的开发过程。针对注册中心，它的核心作用是在构建框架内部的一些运行机制，包括对服务进行编排治理，以及实现数据访问的熔断机制等，还对注册中心所具备的这些特性及实现过程进行了详细介绍。

本章也围绕 ShardingSphere 中的链路跟踪实现过程进行了详细介绍。我们发现在 ShardingSphere 中关于链路跟踪的代码并不多，为了使读者更好地理解链路跟踪的实现机制，我们也介绍了链路跟踪的基本原理及背后的 OpenTracing 规范的核心类。然后，我们发现 ShardingSphere 在业务流程的执行过程中内置了一些 Hook，这些 Hook 能够帮助系统收集各种监控信息并通过 OpenTracing 规范的各种实现类进行统一管理。

第9章 ShardingSphere 代理服务

因为 Sharding-JDBC 只能面向 Java 应用程序开发，所以作为代理服务器的 Sharding-Proxy 的一大特性就是支持异构语言。Sharding-Proxy 提供了封装数据库二进制协议的服务器端版本，用于完成对异构语言的支持和兼容。

在数据库方面，Sharding-Proxy 支持 MySQL 和 PostgreSQL 两款在互联网系统中应用非常广泛的关系型数据库。而针对数据库客户端，任何兼容 MySQL 和 PostgreSQL 协议的访问客户端在 Sharding-Proxy 中都得到了支持，包括 MySQL Command Client、MySQL Workbench 及 Navicat 等。

本章主要介绍 Sharding-Proxy 的使用方法。同时，作为一款代理类的分片服务器实现方案，也将分析 Sharding-Proxy 整体架构，并给出 Sharding-Proxy 与 Sharding-JDBC 的整合过程。

9.1 Sharding-Proxy 的使用方法

由于 Sharding-Proxy 是服务器端组件，所以在使用方式上与 Sharding-JDBC 有本质性的区别，首当其冲的就是需要独立的安装和配置过程。

9.1.1 安装和配置

ShardingSphere 的官方网站上列出了 Sharding-Proxy 的下载地址。我们下载目标版本的 Sharding-Proxy 之后，会发现在根目录下有几个文件夹，其中需要重点关注的是 config 文件夹，该文件夹中存储着各种配置文件，如图 9-1 所示。

config-encrypt.yaml
config-master_slave.yaml
config-shadow.yaml
config-sharding.yaml
logback.xml
server.yaml

图 9-1 config 文件夹中的配置文件

1. 配置服务器基本属性

与使用 Sharding-JDBC 一样，在启动 Sharding-Proxy 之前，开发人员先要执行一些配置工作。在上述配置文件中，logback.xml 用于日志的配置，而 server.yaml 用于 Sharding-Proxy 的一些基础配置，包括账号、密码、注册中心等。server.yaml 给出了默认的配置模板，如果不需要某些配置，则直接注释即可。本实例使用如下所示的配置信息：

```
# 配置用户认证信息
authentication:
  users:
    root:
      password: root
    sharding:
      password: sharding
      authorizedSchemas: sharding_db

# 配置 Sharding-Proxy 基础信息
props:
  max.connections.size.per.query: 1
  acceptor.size: 16
  executor.size: 16
```

```
    proxy.frontend.flush.threshold: 128
    query.with.cipher.column: true
    sql.show: false
    allow.range.query.with.inline.sharding: false
```

上述配置中需要强调一下的是 authentication 配置段，用于配置用户名和密码，以及授权的数据库。可以看到，我们配置了 root/root 和 sharding/sharding 两组用户名和密码。其中，root 默认授权所有的数据库，而 sharding 用户则授权 sharding_db 数据库。这里的 authorizedSchemas: sharding_db 配置项用于指定某用户具有访问权限的逻辑数据源为 sharding_db，而这个逻辑数据源会在 config-sharding.yaml 等配置文件中进行配置。

2．配置分片规则

事实上，在 config 文件夹中所有以 config-开头的 yaml 文件都是一个逻辑数据源。下面以分片为例对 config-sharding.yaml 文件进行配置，代码如下：

```
# 配置逻辑数据源
schemaName: sharding_db

# 配置数据源
dataSources:
  ds0:
    url: jdbc:mysql://127.0.0.1:3306/ds0?serverTimezone=
UTC&useSSL=false
    username: root
    password: root
    connectionTimeoutMilliseconds: 30000
    idleTimeoutMilliseconds: 60000
    maxLifetimeMilliseconds: 1800000
    maxPoolSize: 50
  ds1:
    url: jdbc:mysql://127.0.0.1:3306/ds1?serverTimezone=
UTC&useSSL=false
    username: root
    password: root
    connectionTimeoutMilliseconds: 30000
```

```
    idleTimeoutMilliseconds: 60000
    maxLifetimeMilliseconds: 1800000
    maxPoolSize: 50

# 配置分片规则
shardingRule:
  tables:
    health_record:
      actualDataNodes: ds$->{0..1}.health_record
      keyGenerator:
        type: SNOWFLAKE
        column: record_id
        props:
          worker:
            id: 33
    health_task:
      actualDataNodes: ds$->{0..1}.health_task
      keyGenerator:
        type: SNOWFLAKE
        column: task_id
        props:
          worker:
            id: 33
  bindingTables:
    - health_record,health_task
  defaultDatabaseStrategy:
    inline:
      shardingColumn: user_id
      algorithmExpression: ds$->{user_id % 2}
  defaultTableStrategy:
    none:
```

可以看到，指定了 schemaName: sharding_db 配置项，其中的 sharding_db 逻辑数据源和在 server.yaml 中指定的 authorizedSchemas: sharding_db 是一致的。至于其他配置项，不难看出是实现了对 health_record 和 health_task 两张绑定表的分库操作，相关配置项已经在 4.4 节进行了详细介绍，这里不再赘述。

需要注意的是，在 config-sharding.yaml 配置文件中，有这样一个注释：

```
"If you want to connect to MySQL, you should manually copy MySQL driver to lib directory."
```

Sharding-Proxy 默认支持的数据库是 PostgreSQL，如果我们使用 MySQL 作为关系型数据库，就需要把对应的驱动程序复制到 lib 文件夹下，这里我们使用的是 mysql-connector-java-5.1.47.jar。

3. 配置影子库压测

在 ShardingSphere 4.1.0 版本中引入了影子库压测功能，用于应对压测环境下的数据管理问题。

通常，为了节省资源，我们会在生产环境中直接进行压测。但是在压测过程中势必会造成一些脏数据，如果不对这些脏数据进行特殊处理，就会和生产环境的真实数据混淆在一起。为此，Sharding-Proxy 推出了影子数据库的概念，所有压测数据都会有一个特殊的标识，Sharding-Proxy 根据这个特殊的标识，将压测的数据分配到影子库中，和生产环境中的真实数据分隔。我们可以通过 config-shadow.yaml 配置文件中的配置项来实现这一目标，代码如下：

```
schemaName: sharding_db

dataSources:
  ds:
    url:
jdbc:mysql://127.0.0.1:3306/ds0?serverTimezone=UTC&useSSL=false
    username: root
    password: root
    connectionTimeoutMilliseconds: 30000
    idleTimeoutMilliseconds: 60000
    maxLifetimeMilliseconds: 1800000
    maxPoolSize: 50
  shadow_ds:
    url:
jdbc:mysql://127.0.0.1:3306/ds1?serverTimezone=UTC&useSSL=false
    username: root
```

```
    password: root
    connectionTimeoutMilliseconds: 30000
    idleTimeoutMilliseconds: 60000
    maxLifetimeMilliseconds: 1800000
    maxPoolSize: 50

shadowRule:
  column: shadow
  shadowMappings:
    ds: shadow_ds
```

我们可以将上述配置项分成两部分来看，上半部分还是逻辑数据库的名称和数据源的配置。我们配置了两个数据源：一个是真实的数据库 ds；另一个是影子库 shadow_ds，所有压测的数据都会被分配到影子库中。

可以在下半部分的 shadowRule 中配置影子库的规则，其中，column 配置项用于指定影子库字段标识，所有压测数据都需要将此字段的值设置为 true。这是一个逻辑字段，在数据库中并不存在。而 shadowMappings 是主库和影子库的映射关系，可以看到 ds 数据库对应的影子库是 shadow_ds。

现在，Sharding-Proxy 启动之前的所有准备工作都已经完成了，我们来到 bin 文件夹下，根据操作系统执行对应的 start.bat 文件或 start.sh 文件即可。在控制台日志中，我们会看到 Sharding-Proxy 默认的启动端口是 3307。

9.1.2 SQL 语句

成功启动 Sharding-Proxy 服务器之后，可以先尝试通过一个数据库客户端工具进行测试。假如，我们使用 Navicat 客户端来连接目标数据库，连接配置界面如图 9-2 所示。

Navicat　　数据库

连接名: sharding-proxy

主机: localhost

端口: 3307

用户名: sharding

密码: ●●●●●●●●

☑ 保存密码

图 9-2　连接配置界面

需要注意的是，这里的端口应该是 Sharding-Proxy 的监听端口，而用户名/密码则是在 server.yaml 中配置的 sharding/sharding。

一旦连接成功，我们就可以使用普通的 SQL 语句对 health_record 表和 health_task 表进行操作，还可以使用 INSERT 语句尝试向 health_record 表插入数据，SQL 语句如下：

```
    use sharding_db;
    INSERT INTO 'health_record' ('user_id', 'level_id', 'remark')
VALUES (1, 1, 'Remark1');
    INSERT INTO 'health_record' ('user_id', 'level_id', 'remark')
VALUES (2, 2, 'Remark2');
    INSERT INTO 'health_record' ('user_id', 'level_id', 'remark')
VALUES (3, 3, 'Remark3');
    INSERT INTO 'health_record' ('user_id', 'level_id', 'remark')
VALUES (4, 4, 'Remark4');
    INSERT INTO 'health_record' ('user_id', 'level_id', 'remark')
VALUES (5, 0, 'Remark5');
    INSERT INTO 'health_record' ('user_id', 'level_id', 'remark')
VALUES (6, 1, 'Remark6');
    INSERT INTO 'health_record' ('user_id', 'level_id', 'remark')
VALUES (7, 2, 'Remark7');
    INSERT INTO 'health_record' ('user_id', 'level_id', 'remark')
VALUES (8, 3, 'Remark8');
```

```
INSERT INTO 'health_record' ('user_id', 'level_id', 'remark')
VALUES (9, 4, 'Remark9');
INSERT INTO 'health_record' ('user_id', 'level_id', 'remark')
VALUES (10, 0, 'Remark10');
```

执行上述 SQL 语句之后，ds0 和 ds1 中的 health_record 表数据如图 9-3 和图 9-4 所示。

ds0
表
health_level
health_record
health_task
user
视图
fx 函数

开始事务 文本 · 筛选 排序 导入 导出

record_id	user_id	level_id	remark
570993908205486080	2	2	Remark2
570993908272594944	4	4	Remark4
570993908348092416	6	1	Remark6
570993908415201280	8	3	Remark8
570993908490698752	10	0	Remark10

图 9-3　ds0 中的 health_record 表数据

ds1
表
health_level
health_record
health_task
undo_log
user

开始事务 文本 · 筛选 排序 导入 导出

record_id	user_id	level_id	remark
570993908159348737	1	1	Remark1
570993908243234817	3	3	Remark3
570993908314537985	5	0	Remark5
570993908381646849	7	2	Remark7
570993908457144321	9	4	Remark9

图 9-4　ds1 中的 health_record 表数据

可以看到，分库配置已经生效。现在，执行如下所示的查询语句：

```
select * from health_record;
```

显然，我们获取的是 ds0 和 ds1 中的两个 health_record 表中数据合并之后的结果，如图 9-5 所示。

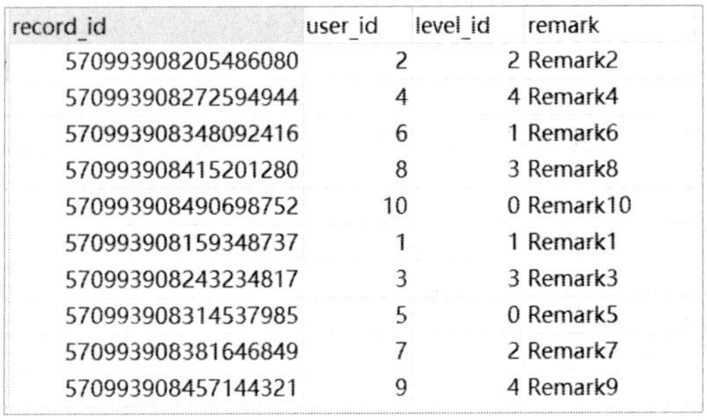

record_id	user_id	level_id	remark
570993908205486080	2	2	Remark2
570993908272594944	4	4	Remark4
570993908348092416	6	1	Remark6
570993908415201280	8	3	Remark8
570993908490698752	10	0	Remark10
570993908159348737	1	1	Remark1
570993908243234817	3	3	Remark3
570993908314537985	5	0	Remark5
570993908381646849	7	2	Remark7
570993908457144321	9	4	Remark9

图 9-5　合并之后的 health_record 表数据

Sharding-Proxy 还提供了 config-master_slave.yaml 文件和 config-encrypt.yaml 文件用来配置读写分离和数据脱敏功能，这些功能已经在第 5 章和第 7 章进行了详细的说明，这里不再赘述。

9.1.3　SCTL 语句

除了可以在 Navicat 等数据库客户端执行普通的 SQL 语句，ShardingSphere 还为开发人员和运维人员提供了专用的控制语言，即 SCTL（ShardingSphere Control Language）。SCTL 负责 Hint、事务类型切换、分片执行计划查询等增量功能的操作。常用的 SCTL 语句及其说明如表 9-1 所示。

表 9-1　常用的 SCTL 语句及其说明

语　句	说　明
sctl:set transaction_type=XX	修改当前 TCP 连接的事务类型，支持 LOCAL、XA、BASE。例如，sctl:set transaction_type=XA
sctl:show transaction_type	查询当前 TCP 连接的事务类型
sctl:explain SQL 语句	查看逻辑 SQL 语句的执行计划，例如，sctl:explain select * from t_order
sctl:hint set MASTER_ONLY=true	针对当前 TCP 连接，是否将数据库操作强制路由到主库
sctl:hint set DatabaseShardingValue=yy	针对当前 TCP 连接，设置 hint 仅对数据库分片有效，并添加分片值，yy 表示数据库分片值
sctl:hint addDatabaseShardingValue xx=yy	针对当前 TCP 连接，为表 xx 添加分片值 yy，xx 表示逻辑表名称，yy 表示数据库分片值
sctl:hint addTableShardingValue xx=yy	针对当前 TCP 连接，为表 xx 添加分片值 yy，xx 表示逻辑表名称，yy 表示表分片值

这里，我们可以通过 sctl:explain 语句来进行演示，在 Navicat 中输入如下 sctl:explain 语句：

```
sctl:explain select * from health_record;
```

sctl:explain 语句的执行结果如图 9-6 所示。

datasource_name	sql
ds0	select * from health_record
ds1	select * from health_record

图 9-6　sctl:explain 语句的执行结果

可以看到，“select * from health_record”语句会分别从 ds0 和 ds1 中执行查询语句，这一分析结果和我们的预期相符。

9.1.4 代码集成

下面来看一下如何在业务代码中集成 Sharding-Proxy。事实上，通过集成 Sharding-Proxy，应用程序访问数据库的过程反而显得更加简单，只需要把要访问的具体数据库地址变成 Sharding-Proxy 代理服务器地址即可。

假如使用 MyBatis 来访问数据，那么先要把 server.yaml 配置文件和 config-sharding.yaml 配置文件放在代码工程的 classpath 中。同时调整 Spring Boot 的主配置文件 application.properties 中的配置内容，现在访问数据库的方式就变成如下所示的配置内容：

```
mybatis.config-location=classpath:mybatis-config.xml

# 配置 Sharding-Proxy 访问地址
spring.datasource.type=com.zaxxer.hikari.HikariDataSource
spring.datasource.driver-class-name=com.mysql.jdbc.Driver
spring.datasource.url=jdbc:mysql://localhost:3307/sharding_db?useSe
rverPrepStmts=true&cachePrepStmts=true
spring.datasource.username=root
spring.datasource.password=root
```

显然，现在应用程序访问的不再是真实的数据库地址，而是 Sharding-Proxy 的地址及逻辑数据库。

9.2 Sharding-Proxy 架构解析

介绍完 Sharding-Proxy 的使用方法之后，本节主要介绍 Sharding-Proxy 的整体架构和实现过程。作为ShardingSphere家族中的一款独立的服务器端产品，Sharding-Proxy

需要具备作为一个服务器组件的架构特性。另外，通过 9.12 节中的实例分析，我们明白了 Sharding-Proxy 执行 SQL 语句的过程还是依赖于 Sharding-JDBC 组件。

9.2.1 Sharding-Proxy 整体架构

我们先从代码工程的角度来分析 Sharding-Proxy 的包结构。在 ShardingSphere 源码的 sharding-proxy 目录下，我们发现了 4 个代码工程，其功能描述如下：

```
sharding-proxy
    sharding-proxy-bootstrap      // 负责启动 sharding-proxy
    sharding-proxy-common         // 负责 yaml 配置文件加载等通用功能
    sharding-proxy-backend        // 负责与底层数据库进行交互
    sharding-proxy-frontend       // 负责执行对具体数据库的代理
```

在 sharding-proxy-bootstrap 代码工程中，只有一个启动类 Bootstrap，这是一个标准的 Java 程序入口类。在 main()函数中，通过加载配置文件并根据是否存在编排治理配置项来判断是否需要启动注册中心，代码如下：

```
    ShardingConfiguration shardingConfig = new
    ShardingConfigurationLoader().load(getConfigPath(args));

    logRuleConfigurationMap(getRuleConfiguration(shardingConfig.getRule
ConfigurationMap()).values());
    if (null == shardingConfig.getServerConfiguration().
getOrchestration()) {
        startWithoutRegistryCenter(shardingConfig.
getRuleConfigurationMap(), shardingConfig.getServerConfiguration().
getAuthentication(), shardingConfig.getServerConfiguration().
getProps(), port);
    } else {
        startWithRegistryCenter(shardingConfig.
getServerConfiguration(), shardingConfig.
getRuleConfigurationMap().keySet(), shardingConfig.
getRuleConfigurationMap(), port);
    }
```

无论执行哪个流程，Bootstrap 类最终都是调用了 ShardingProxy 类来启动服务，代码如下：

```
ShardingProxy.getInstance().start(port);
```

这样代码流程就转到了 sharding-proxy-frontend 代码工程中。需要注意的是，在这个代码工程下，还包含了如下所示的子代码工程：

```
sharding-proxy-frontend
    sharding-proxy-frontend-core          启动网络监听并处理请求编解码等
    sharding-proxy-frontend-spi           定义核心 SPI
    sharding-proxy-frontend-mysql         基于 MySQL 实现 SPI
    sharding-proxy-frontend-postgresql    基于 PostgreSQL 实现 SPI
```

而 ShardingProxy 类就位于 sharding-proxy-frontend-core 代码工程中。ShardingProxy 类集成了 Netty 来启动服务器监听端口，并且通过一个 ServerHandlerInitializer 组件在 Netty 的请求管道中添加了 PacketCodec 和 FrontendChannelInboundHandler，前者负责编解码，后者负责处理业务逻辑。ServerHandlerInitializer 的定义代码如下：

```
public final class ServerHandlerInitializer extends
ChannelInitializer<SocketChannel> {

    @Override
    protected void initChannel(final SocketChannel socketChannel) {
        DatabaseProtocolFrontendEngine databaseProtocolFrontendEngine
= DatabaseProtocolFrontendEngineFactory.newInstance
(LogicSchemas.getInstance().getDatabaseType());
        ChannelPipeline pipeline = socketChannel.pipeline();
        pipeline.addLast(new
PacketCodec(databaseProtocolFrontendEngine.getCodecEngine()));
        pipeline.addLast(new
FrontendChannelInboundHandler(databaseProtocolFrontendEngine));
    }
}
```

这里就出现了整个 Sharding-Proxy 中最核心的一个接口，即 DatabaseProtocol-FrontendEngine 接口。无论是 PacketCodec 还是 FrontendChannelInboundHandler 都是把具体的工作委托给了 DatabaseProtocolFrontendEngine 接口。

1. DatabaseProtocolFrontendEngine

DatabaseProtocolFrontendEngine 接口位于 sharding-proxy-frontend-spi 代码工程中，定义代码如下：

```
    public interface DatabaseProtocolFrontendEngine extends
DatabaseTypeAwareSPI {

        //获取 Frontend 上下文对象
        FrontendContext getFrontendContext();

        //获取针对数据库包的编解码引擎
        DatabasePacketCodecEngine getCodecEngine();

        //获取认证引擎
        AuthenticationEngine getAuthEngine();

        //获取指令执行引擎
        CommandExecuteEngine getCommandExecuteEngine();

        //释放资源
        void release(BackendConnection backendConnection);
    }
```

可以看到，DatabaseProtocolFrontendEngine 接口继承了 DatabaseTypeAwareSPI 接口，所以是一个典型的 SPI。而这里的 DatabasePacketCodecEngine 和 CommandExecuteEngine 与 SQL 请求处理过程密切相关，所以针对不同的数据库需要提供不同的实现。目前，Sharding-Proxy 提供了 MySQL 和 PostgreSQL 两种实现，分别位于 sharding-proxy-frontend-mysql 代码工程和 sharding-proxy-frontend-postgresql 代码工程中。下面以 MySQL 为例，继续讨论 DatabaseProtocolFrontendEngine 的实现过程。MySQLProtocolFrontendEngine 的实现代码如下：

```
    public final class MySQLProtocolFrontendEngine implements
DatabaseProtocolFrontendEngine {

        private final FrontendContext frontendContext = new
FrontendContext(false, true);
```

```
    private final MySQLAuthenticationEngine authEngine = new
MySQLAuthenticationEngine();

    private final MySQLCommandExecuteEngine commandExecuteEngine =
new MySQLCommandExecuteEngine();

    private final DatabasePacketCodecEngine codecEngine = new
MySQLPacketCodecEngine();

    @Override
    public String getDatabaseType() {
        return "MySQL";
    }

    @Override
    public void release(final BackendConnection backendConnection) {
    }
}
```

这里分别针对 MySQL 构建了 MySQLAuthenticationEngine、MySQLCommandExecuteEngine 和 MySQLPacketCodecEngine 共 3 个引擎。

2. MySQLPacketCodecEngine

我们先来看用于报文编解码的 MySQLPacketCodecEngine，它实现 DatabasePacketCodecEngine 接口。由于 Sharding-Proxy 基于 Netty 构建通信层组件，所以 MySQLPacketCodecEngine 的核心作用就是根据数据包来解析报文，并将所解析的 Netty ByteBuf 包装成 MySQLPacketPayload。一旦获取了 MySQLPacketPayload，就需要把它解析成针对具体协议的报文 MySQLPacket，MySQLCommandPacketFactory 工厂类完成了这一过程。

在 MySQL 中，存在一些 MySQLPacket 的具体报文实现，分别用于支持 Statement 和 PrepareStatement，前者的代表性实现是 MySQLComQueryPacket，后者的代表性实现是 MySQLComStmtExecutePacket。关于报文处理相关的类结构比较复杂，我们梳理出了如图 9-7 所示的结构。

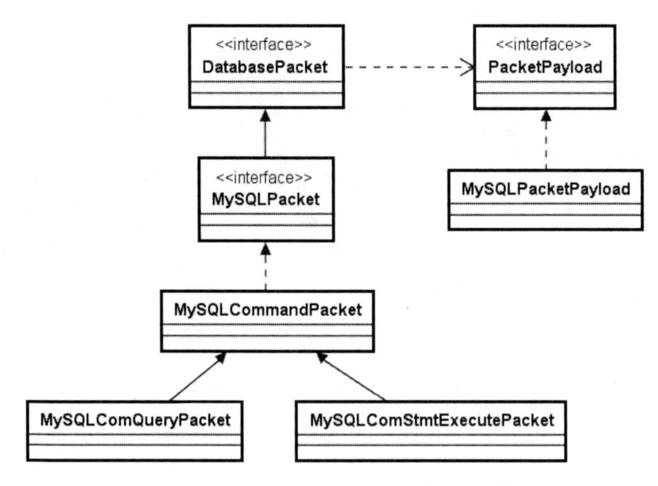

图 9-7　MySQLPacket 报文相关类结构

需要注意的是，这些代码都位于独立的 shardingsphere-database-protocol 代码工程中，作为公共组件被 Sharding-Proxy 引用。

3. MySQLCommandExecuteEngine

正如 MySQLPacket 在 MySQLPacketCodecEngine 中的作用，MySQLCommandExecuteEngine 也有一个核心接口，即表示 SQL 语句执行器的 CommandExecutor。

CommandExecutor 的创建同样依赖于一个工厂类 MySQLCommandExecutorFactory，该工厂类根据不同类型的请求，初始化不同的执行器。同样，这些执行器也分成两大类：一类支持不使用预解析功能的 Statement，代表实现是 MySQLComQueryPacketExecutor；另一类支持使用预解析功能的 PrepareStatement，代表实现是 MySQLComStmtExecuteExecutor。

我们先来看一下 MySQLComQueryPacketExecutor，它的 execute()方法的定义代码如下：

```
    public MySQLComQueryPacketExecutor(final MySQLComQueryPacket
comQueryPacket, final BackendConnection backendConnection) {
        textProtocolBackendHandler = TextProtocolBackendHandlerFactory.
newInstance(DatabaseTypes.getActualDatabaseType("MySQL"),
```

```
comQueryPacket.getSql(), backendConnection);
    }

    @Override
    public Collection<DatabasePacket> execute() {
        …
        // 委托给 textProtocolBackendHandler 执行
        BackendResponse backendResponse =
textProtocolBackendHandler.execute();

        // 针对出错场景包装返回的结果
        if (backendResponse instanceof ErrorResponse) {
            isErrorResponse = true;
            return
Collections.singletonList(createErrorPacket(((ErrorResponse)
backendResponse).getCause()));
        }

        // 针对更新出错场景包装返回的结果
        if (backendResponse instanceof UpdateResponse) {
            return
Collections.singletonList(createUpdatePacket((UpdateResponse)
backendResponse));
        }

        isQuery = true;
        // 针对出错场景包装返回的结果
        return createQueryPackets((QueryResponse) backendResponse);
    }
```

MySQLComQueryPacketExecutor 总体执行过程还是非常清晰的，包括对报文进行解析、执行过程的转发及响应处理 3 个环节。可以看到，实际的 SQL 语句执行过程委托给了通过构造函数创建的 TextProtocolBackendHandler。在 Sharding-Proxy 中，同样有一些 TextProtocolBackendHandler 接口的实现类，以 QueryBackendHandler 为例，其 execute()方法的定义代码如下：

```
    private final DatabaseCommunicationEngineFactory
databaseCommunicationEngineFactory =
DatabaseCommunicationEngineFactory.getInstance();

    @Override
    public BackendResponse execute() {
        if (null == backendConnection.getLogicSchema()) {
            return new ErrorResponse(new NoDatabaseSelectedException());
        }

        databaseCommunicationEngine =
databaseCommunicationEngineFactory.newTextProtocolInstance(backendConne
ction.getLogicSchema(), sql, backendConnection);
        return databaseCommunicationEngine.execute();
    }
```

我们看到 QueryBackendHandler 也没有自己完成执行过程，而是再次把这个过程委托给了 DatabaseCommunicationEngine。

类似地，MySQLComStmtExecuteExecutor 中的 execute()方法与 MySQLComQueryPacketExecutor 中的执行过程基本一致，唯一的区别是把 SQL 语句执行过程委托给了 DatabaseCommunicationEngine。这样，无论是 MySQLComQueryPacketExecutor 还是 MySQLComStmtExecuteExecutor，它们的底层都依赖于 DatabaseCommunicationEngine。

4. DatabaseCommunicationEngine

DatabaseCommunicationEngine 是 Sharding-Proxy 内部的转发执行器，负责将请求转发给底层的数据库服务器，该接口定义代码如下：

```
public interface DatabaseCommunicationEngine {

    //执行命令
    BackendResponse execute();

    //获取下一个结果
    boolean next() throws SQLException;
```

```
    //返回查询数据
    QueryData getQueryData() throws SQLException;
}
```

DatabaseCommunicationEngine 接口只有一个实现类，即 JDBCDatabaseCommunicationEngine 类，该类的 execute()方法的定义代码如下：

```
@Override
public BackendResponse execute() {
    try {
        //路由
        ExecutionContext executionContext =
executeEngine.getJdbcExecutorWrapper().route(sql);
        return execute(executionContext);
    } catch (final SQLException ex) {
        return new ErrorResponse(ex);
    }
}

private BackendResponse execute(final ExecutionContext
executionContext) throws SQLException {
    …
    //执行
    response = executeEngine.execute(executionContext);
    if (logicSchema instanceof ShardingSchema) {
        logicSchema.refreshTableMetaData
(executionContext.getSqlStatementContext());
    }

    //合并
    return merge(executionContext.getSqlStatementContext());
}
```

可以看到，这里经历了路由、执行和合并 3 个核心步骤，而前两个步骤都委托给了 JDBCExecuteEngine，JDBCExecuteEngine 就会涉及与 Sharding-JDBC 很多核心组件之间的交互。

我们把 Sharding-Proxy 中的代码结构拆分为 3 个不同的层次，其整体架构如图 9-8 所示。

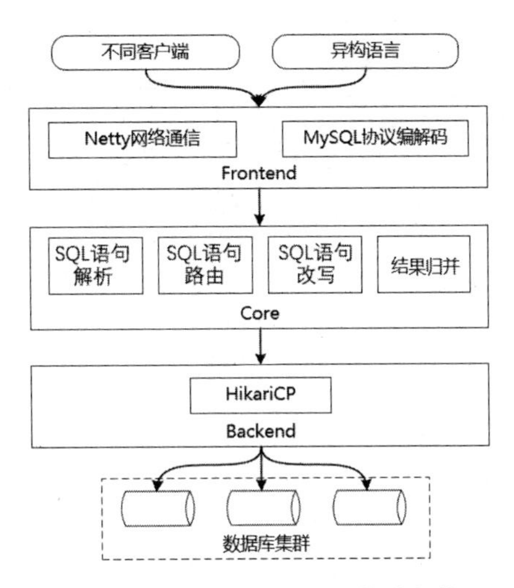

图 9-8 Sharding-Proxy 整体架构

在图 9-8 中，我们看到 Sharding-Proxy 的整体架构可以分为 Frontend、Core 和 Backend 和 3 部分组件。

（1）Frontend 组件

负责与客户端进行网络通信，采用的是基于 NIO 的客户端/服务器端框架。在 Windows 和 Mac 操作系统下采用 NIO 模型，Linux 操作系统则自动适配为 Epoll 模型。在通信过程中完成对 MySQL 协议的编解码。

（2）Core 组件

负责获取解码的 MySQL 命令，并调用 Sharding-JDBC 对 SQL 语句执行解析、路由、改写、结果归并等核心功能。

（3）Backend 组件

借助于 HikariCP 连接池，负责与真实数据库进行交互。图 9-8 中的 Core 组件会实现与 Sharding-JDBC 之间的整合以完成整个调用链路。

9.2.2 Sharding-Proxy 整合 Sharding-JDBC

为了更好地理解 ShardingSphere 各个产品之间的集成关系，下面介绍 Sharding-Proxy 与 Sharding-JDBC 之间的整合过程。

在上节中，我们在介绍到 JDBCDatabaseCommunicationEngine 时，已经发现在包结构的依赖关系上引入了很多来自 org.apache.shardingsphere.sql.parser 包和 org.apache.shardingsphere.underlying 包中的内容。而在真正负责执行 SQL 语句的 JDBCExecuteEngine 类中，可以看到更多 Sharding-JDBC 所提供的工具类，例如：

```
//用于数据准备的模板类
private final SQLExecutePrepareTemplate sqlExecutePrepareTemplate;

//SQL 语句执行模板类
private final SQLExecuteTemplate sqlExecuteTemplate;
```

而 JDBCExecuteEngine 的 execute()方法则使用 SQLExecutePrepareTemplate 和 SQLExecuteTemplate 两个工具类完成 SQL 语句的具体执行，代码如下：

```
@Override
public BackendResponse execute(final ExecutionContext
executionContext) throws SQLException {

    //获取 SQLStatement 上下文
    SQLStatementContext sqlStatementContext =
executionContext.getSqlStatementContext();
    boolean isReturnGeneratedKeys =
sqlStatementContext.getSqlStatement() instanceof InsertStatement;
    boolean isExceptionThrown =
ExecutorExceptionHandler.isExceptionThrown();

    //通过 SQLExecutePrepareTemplate 准备执行数据
    //使用 ProxyJDBCExecutePrepareCallback 回调创建执行计划
    Collection<InputGroup<StatementExecuteUnit>> inputGroups =
sqlExecutePrepareTemplate.getExecuteUnitGroups(
```

```
            executionContext.getExecutionUnits(), new
ProxyJDBCExecutePrepareCallback(backendConnection, jdbcExecutorWrapper,
isReturnGeneratedKeys));

        //通过 SQLExecuteTemplate 执行 SQL 语句
        //使用 ProxySQLExecuteCallback 回调用于执行 SQL 语句
        Collection<ExecuteResponse> executeResponses =
sqlExecuteTemplate.execute((Collection) inputGroups,
                new ProxySQLExecuteCallback(sqlStatementContext,
backendConnection, jdbcExecutorWrapper, isExceptionThrown,
isReturnGeneratedKeys, true),
                new ProxySQLExecuteCallback(sqlStatementContext,
backendConnection, jdbcExecutorWrapper, isExceptionThrown,
isReturnGeneratedKeys, false));
        ExecuteResponse executeResponse =
executeResponses.iterator().next();

        //组装结果
        return executeResponse instanceof ExecuteQueryResponse
                ? getExecuteQueryResponse(((ExecuteQueryResponse)
executeResponse).getQueryHeaders(), executeResponses) : new
UpdateResponse(executeResponses);
    }
```

可以看到，这里通过 ProxySQLExecuteCallback 完成了对具体 SQL 语句的执行。而在 ProxySQLExecuteCallback 中，真正负责执行 SQL 语句的还是 JDBCExecutorWrapper。从命名上看，显然这是一个包装器，定义代码如下：

```
    public interface JDBCExecutorWrapper {

        //对 SQL 执行路由
        ExecutionContext route(String sql);

        //创建 Statement
        Statement createStatement(Connection connection, SQLUnit
sqlUnit, boolean isReturnGeneratedKeys) throws SQLException;
```

```
    //执行 SQL 语句
    boolean executeSQL(Statement statement, String sql, boolean
isReturnGeneratedKeys) throws SQLException;
}
```

JDBCExecutorWrapper 接口有两个实现类，即 StatementExecutorWrapper 和 PreparedStatementExecutorWrapper，从命名上也不难看出它们分别对应是否需要预解析的 SQL 语句执行过程。而在这两个实现类中，就使用到了我们熟悉的 Connection 和 Statement 等 Sharding-JDBC 中的核心编程对象。例如，StatementExecutorWrapper 中的 createStatement()方法和 executeSQL()方法的定义代码如下：

```
@Override
public Statement createStatement(final Connection connection, final
SQLUnit sqlUnit, final boolean isReturnGeneratedKeys) throws
SQLException
{
    return connection.createStatement();
}

@Override
public boolean executeSQL(final Statement statement, final String
sql, final boolean isReturnGeneratedKeys) throws SQLException {

    return statement.execute(sql, isReturnGeneratedKeys ?
Statement.RETURN_GENERATED_KEYS : Statement.NO_GENERATED_KEYS);
}
```

Sharding-Proxy 与 Sharding-JDBC 整合架构如图 9-9 所示。

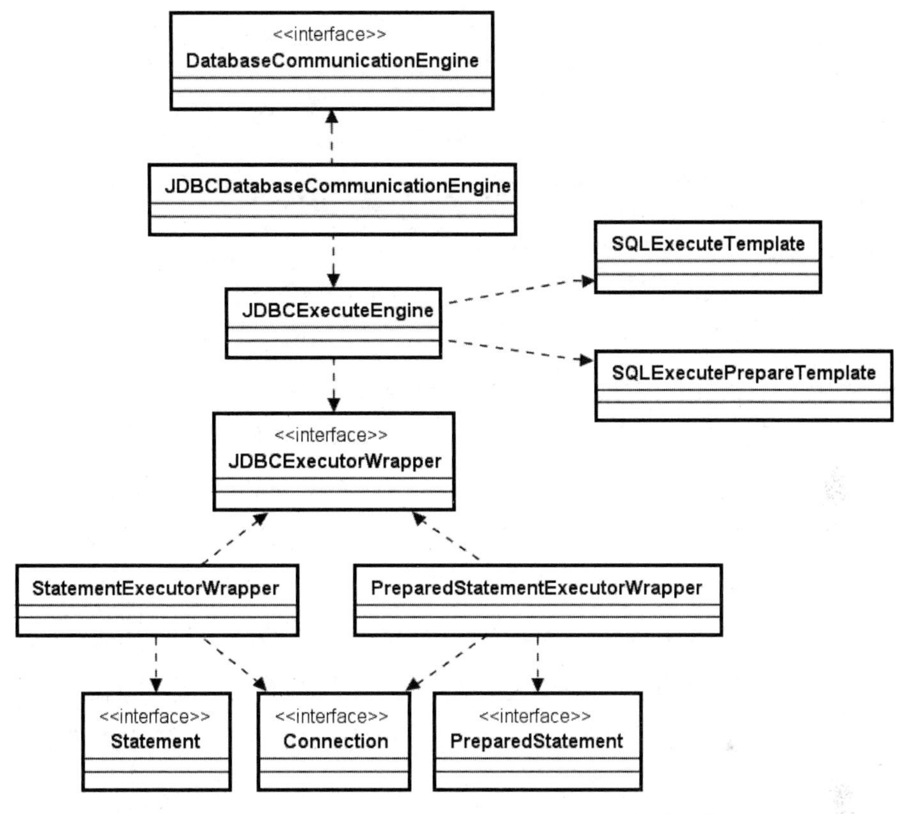

图 9-9　Sharding-Proxy 和 Sharding-JDBC 整合架构

9.3　本章小结

Sharding-Proxy 是 ShardingSphere 生态中的第二款产品，用于构建基于代理机制的服务器端组件。通过 Sharding-Proxy 访问数据库就如同是在使用普通的客户端一样，但通过执行 SQL 语句都将拥有分片、读写分离、脱敏等功能。

本章主要对 Sharding-Proxy 的使用方法进行了详细的阐述，包括如何对其进行安装和配置、如何执行 SQL 语句及如何与应用程序代码进行集成。同时，作为一款独立的服务器端组件，我们还对 Sharding-Proxy 的整体架构进行了拓展讲解。

反侵权盗版声明

举报电话：（010）88254396；（010）88258888

传　　真：（010）88254397

E-mail：　dbqq@phei.com.cn

通信地址：北京市万寿路 173 信箱

　　　　　电子工业出版社总编办公室

邮　　编：100036